最前線の「すごい

Arafune Yoshitaka

荒舩良孝

地球は人類のゆりかごである。
しかし人類はいつまでも
このゆりかごに留まってはいないだろう。

世界初の「宇宙ロケット」研究者 ツィオルコフスキー
（帝政ロシア／ソ連の科学者・１８５７～１９３５年）

帰還目前！「はやぶさ2」が成し遂げた数々の偉業

「地球の生命はどのように生まれたのか」これは誰もが一度は考えたことがあることでしょう。生命の起源については、これまで多くの研究者が取り組んで来ましたが、まだはっきりとしたことはわかっていません。

しかし、これから10年くらいで、生命の起源に大きく迫る発見があるかもしれません。そのような発見が期待されているのが、小惑星探査機「はやぶさ2」の探査です。はやぶさ2は、２０１４年12月3日に鹿児島県の種子島宇宙センターから打ち上げられ、地球と火星の間に位置する小惑星リュウグウへと向かいました。

この小惑星は、炭素をたくさん含むC型小惑星で、約46億年前に太陽系が誕生した頃の岩石や水が残っている可能性があります。そのような岩石を地球に持ち帰り、詳しく分析することで、初期の太陽系の様子や、地球に生命をもたらした有機物がどういうものであったのかがわかってくるはずです。

はやぶさ2がリュウグウに到着したのは、打ち上げから3年半経過した２０１８年6月27日。はやぶさ2のカメラがとらえたのは、そろばん珠のようなコマ型のリュウグウの姿でした。

このような姿は全くの想定外で、はやぶさ2の運用チームはとても驚いたといいます。しかも、リュウグウの表面はどこもゴツゴツとした岩石に覆われていて、はやぶさ2が着地できそうな場所が見あたらなかったのです。

はやぶさ2の大きな目的は、リュウグウの岩石のかけら（サンプル）を採取して、地球に持ち帰るサンプル・リターンです。サンプルを採取するためには、はやぶさ2がリュウグウの表面に着地する必要があるのですが、そのようなスペースは見あたりません。

初代の小惑星探査機「はやぶさ」が

はやぶさ２は、光学カメラ、近赤外分光計などの機器を使い、リュウグウを観測していた。©JAXA

探査した小惑星イトカワも、ゴツゴツとした岩石に覆われた小惑星でしたが、イトカワの場合、岩石がほとんどない平坦な砂漠「ミューゼスの海」がありました。でも、リュウグウは、そのような平坦な場所がどこにも存在せず、はやぶさ2を安全に着地させることができるのか危ぶまれたのです。

最初の予定では、はやぶさ2は2018年10月下旬に最初の着地をおこなう予定でした。しかし、安全に着地できる場所や手順を探すために、その予定は大幅に変更されました。もともと、はやぶさ2はリュウグウ表面に100m四方の目標を定め、その場所のどこかに着地する計画でした。しかし、リュウグウの表面にはそんなに広くて平らな場所はありません。

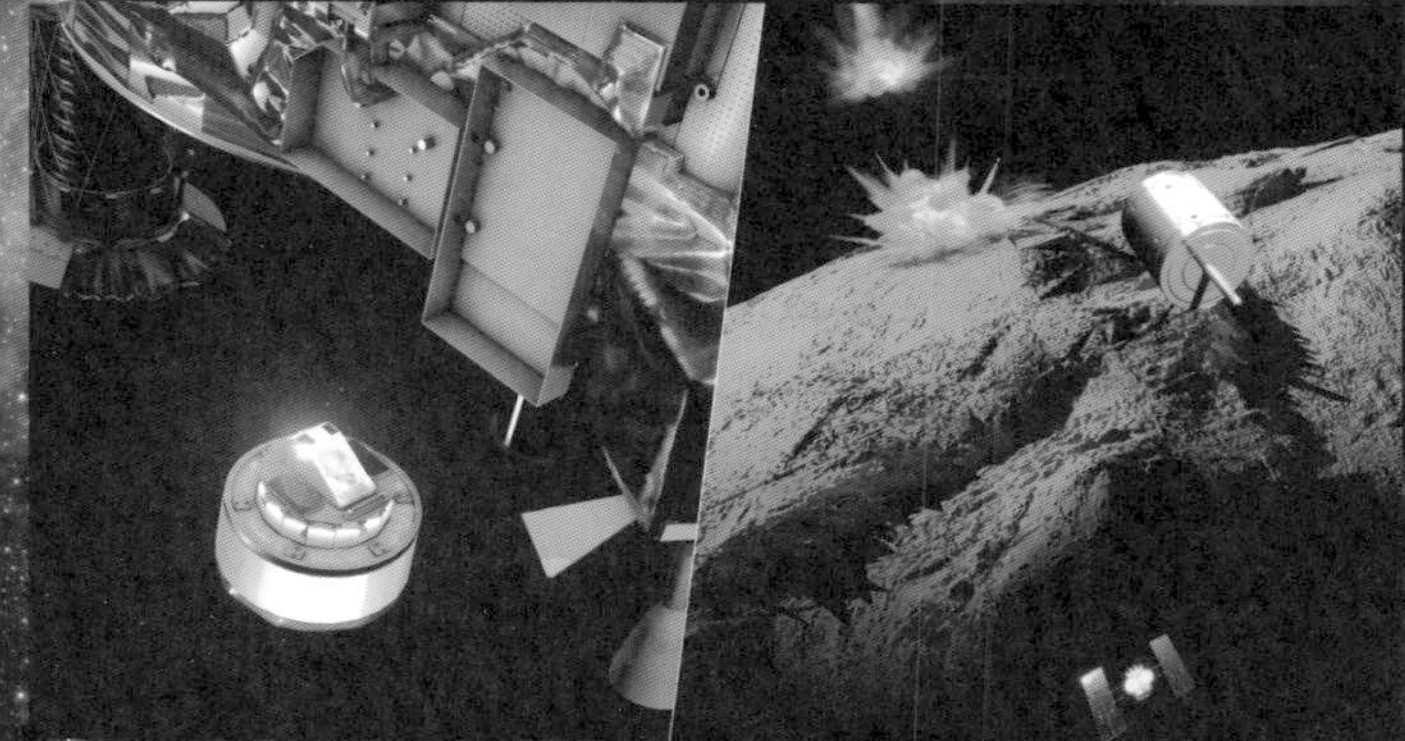

リュウグウに人工クレーターをつくるのに使われた小型衝突装置（左）と人工クレーターができる様子を撮影した分離カメラ（右）。©JAXA

最終的に、着地の目標地点は直径6ｍの円に定められました。リュウグウへの着地は、最初の計画でも、上空20㎞から野球場の中に正確に降りないといけないくらい難しいものだったのですが、この変更によってピッチャーマウンドの中に降りなければならないくらいになり、難易度が一気に上がりました。

運用チームは、事前に50回もの訓練を重ねました。そして、２０１９年２月22日、はやぶさ2はリュウグウへの着地を見事に成功させたのです。着地と同時にサンプラホーンから、弾丸が撃ちこまれ、周辺から岩石の破片が飛び散る様子も確認しました。リュウグウのかけらは、はやぶさ2のカプセルにしっかりと収められたはずです。

リュウグウにタッチダウンするはやぶさ２のイメージ。はやぶさ2の先端のサンプラホーンがリュウグウの大地に触れる時間は数秒程度。© 池下章裕

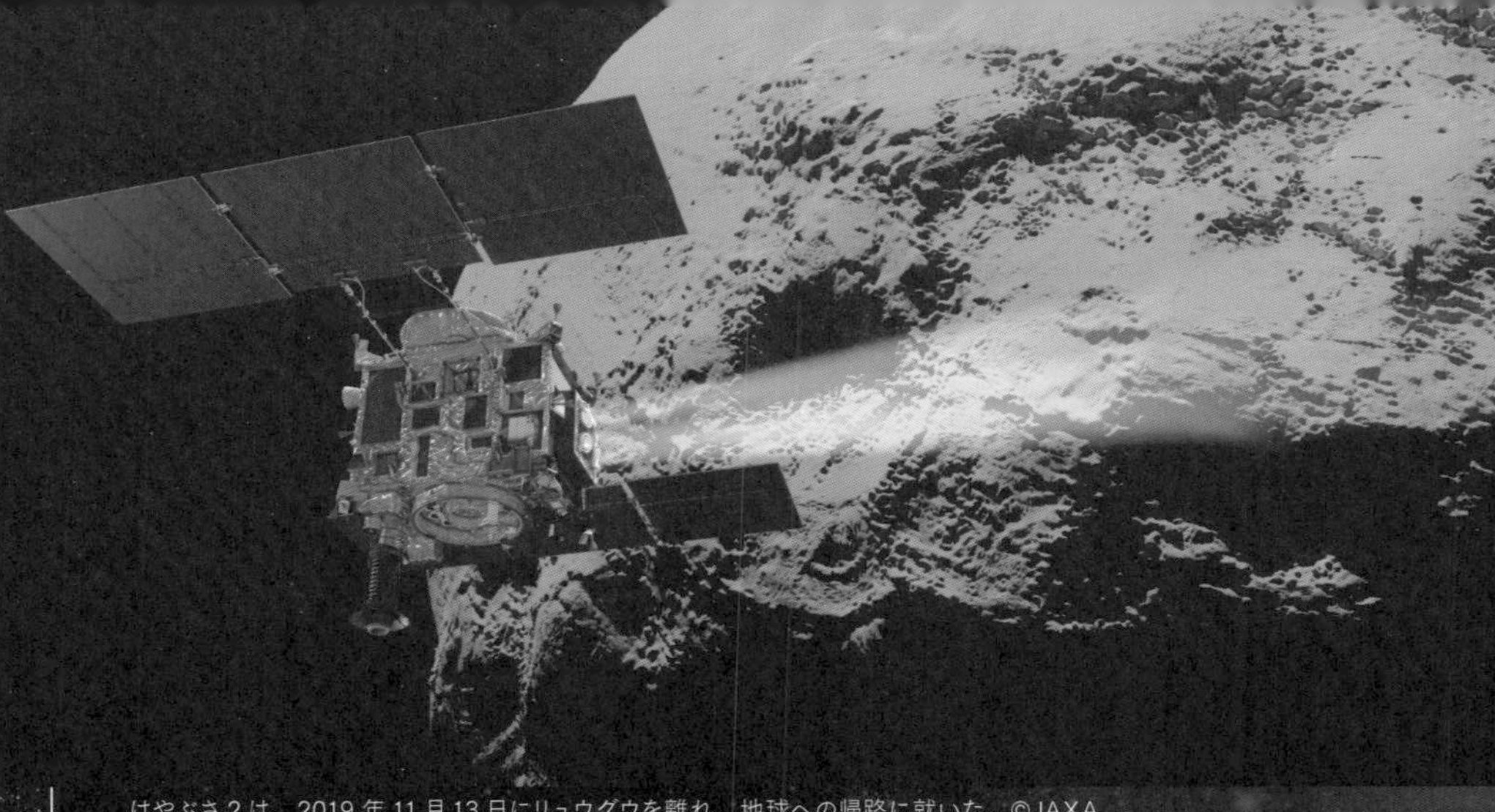

はやぶさ２は、2019 年 11 月 13 日にリュウグウを離れ、地球への帰路に就いた。©JAXA

同年４月５日に、はやぶさ2は小型衝突装置を使用し、リュウグウに直径14ｍほどの人工クレーターをつくることに成功しました。小惑星に人工クレーターをつくることに成功したのも、その人工クレーターを詳細に観測したのも、どちらも世界初の快挙です。

さらに、７月11日には、この人工クレーターの中心から20ｍほど離れた場所に、誤差60㎝もの超高精度で着地することに成功。この場所には、衝突装置によって吹き飛ばされたリュウグウの地下物質がたくさん散らばっているので、はやぶさ2は、リュウグウの地下物質も手に入れたことでしょう。

はやぶさ2が持ち帰ったリュウグウのかけらは、地上の研究施設で詳しく分析されます。リュウグウのかけらから、太陽系の歴史や生命の起源はどこまでわかるのでしょうか。これからの研究結果がとても楽しみです。

はやぶさ２に搭載されている再突入カプセル。現在は、この中にリュウグウのサンプルが入っているようだ。©JAXA

はやぶさ2の科学者にインタビュー①

渡邊誠一郎教授

「リュウグウ」のサンプルで期待が高まる数々の新発見

はやぶさ2の理学チームに加わる科学者たちには、リュウグウでの探査はどのように映っていたのでしょうか。はやぶさ2に関わる科学者を束ねるプロジェクトサイエンティストを務めている名古屋大学の渡邊誠一郎教授（以下、敬称略）にお話を伺いました。

――はやぶさ2に参加している科学者は何人くらいいるのでしょうか。また、その人たちをまとめるために、どんなところに苦労しましたか。

渡邊：はやぶさ2には、200人ほどの科学者が参加しています。科学者たちは、観測機器ごとにチームを組んで、機器の開発、観測計画の立案、観測データの解析などに幅広く関わります。ですから、観測機器ごとにチームをつくるのですが、そのチーム内だけで固まらないように、各チームの横の関係づくりを重視しました。はやぶさ2全体でリュウグウのサイエンスを組み立てて、惑星の進化や地球の誕生につながるような知見につなげていくところに苦労しました。

――小惑星探査の現場は、ふだんの研究と勝手が違う部分もあったのではないでしょうか。

渡邊：科学者は、普通は得られたデータを解析し、いろいろな角度で検討し、論文を書くという風に、わりと時間をかけて仕事を進めていきます。しかし、はやぶさ2プロジェクトでは、限られた時間の中で探査を進めなければいけません。そのため、解析をする前の生データの状態から、チームを越えて議論をしていき、最適な解を見つけていきました。この雰囲気は探査機の運用だけでなく、その後の論文をまとめる作業でも活きていて、結果として広がりのあるサイエンスを生み出せたと思います。

——はやぶさ2のサンプルリターンは、科学者の目から見るとどのような点が重要なのでしょうか。

渡邊：リュウグウを間近で観測した結果から、リュウグウにある物質などもわかってきました。しかし、観測でわかることは、ほんのわずかです。例えば、はやぶさ2の着地から、リュウグウの表面はとても脆いことがわかりました。その一方で、大きな岩塊が形を保つくらいの強度はあります。弱い部分と強い部分がどのようにつながっているのかは、実際にサンプルを分析してみないとわかりません。リュウグウには、このような謎がまだまだたくさん残っています。その謎を解き明かし、リュウグウの本当の姿を知るためにも、サンプルを地球で分析することはとても大切なのです。

——はやぶさ2のカプセルが地上に戻ってきたら、どういう手順で分析されるのですか。

渡邊：リュウグウのサンプルの入ったカプセルは2020年12月6日にオーストラリアのウーメラ砂漠に着く予定です。JAXA（宇宙航空研究開発機構）の回収チームにより、回収された後は神奈川県相模原市にあるJAXAの地球外試料キュレーションセンターに運ばれます。そして、基本的な情報を調べたうえで試料を分け、半年後を目処に初期分析を担当する科学者グループに渡されます。

リュウグウのサンプルは、その物質ができたときや、熱などによって変化を受けたときなどの歴史が刻みこまれています。それは太陽系の歴史を書き込んだ日記のようなものです。私たちは、分析機器を使って、その日記を読むことで、太陽系の歴史を読み解こうとしているのです。

渡邊誠一郎。名古屋大学大学院環境学研究科教授。「はやぶさ2」プロジェクトのプロジェクトサイエンティスト。

はやぶさ２の科学者にインタビュー②

薮田ひかる教授

リュウグウのサンプル分析の中でも、特に期待がかかるのが、生命へとつながる有機物の発見です。サンプル分析は具体的にどのように進められるのでしょうか。固体有機物分析チームでリーダーを務める広島大学の薮田ひかる教授（以下、敬称略）にお話を伺いました。

――もうすぐリュウグウのサンプルが地球に届きますが、分析担当者としてプレッシャーはありますか。

薮田：分析する側としては、楽しみでもありますし、早く分析したいと思っています。でも、実際の分析が近づいてくると、やはりプレッシャーも高まります。はやぶさ２の成果に期待をしていただいて、嬉しい反面、私たちはこれから成果を上げなければいけないという思いもあります。新型コロナウイルスの影響もありますから、分析が予定通りに進むかどうかという心配もあります。

――薮田さんがリーダーを務める固体有機物分析チームはどんな物質を分析するのでしょうか。

薮田：簡単にいうと、有機物の中でも水や有機溶媒などに溶けにくい有機物の分析を担当します。ひと言で有機物と言っても、メタンなどのように気体になりやすい小さな分子から、プラスチックのようにとても大きな分子のものまで多種多様です。私たちのチームは、水や有機溶媒に溶けないのはもちろんですが、強い酸にも溶けないような見た目が黒くて炭のような有機物をターゲットにしています。

――実際にサンプルを分析するときに、心がけようと思っていることを教えてください。

薮田：大切なことは、サンプルをなくさないことと、地球の物質で汚染しないことの２つです。そのため、これまでサンプルに近い成分を持つ炭素質コンドライト隕石を使ってリハーサルをしています。科学者は、各自の興味で個別に分析や研究をすることが多いのですが、今回はチームで一緒に分析します。そのため、理想的な分析の流れをチームメンバーと議論しながら、組み立てています。

——具体的に、どのような分析をしようと考えているのでしょうか。

薮田：私たちのチームでは、サンプルをほとんど加工しないで、リュウグウで有機物がどのように存在しているのかを明らかにしたいと考えています。顕微鏡などで拡大しながら、赤外線からX線までのいろいろな波長の光を当ててサンプルを分析する顕微分光分析などの手法を使い、サンプルの中に不均一に存在している有機物をていねいに分析して、太陽系の情報を読み解いていきたいと思います。

——リュウグウのサンプルを分析することで、太陽系の歴史などもわかってくるのでしょうか。

薮田：宇宙空間での観測から、リュウグウを構成する岩石は、他の小惑星や隕石よりも空隙率が高く、どちらかと言えば彗星のような氷でできた小天体に近いものでした。つまり、リュウグウの母天体は、太陽系ができた直後に氷が豊富な太陽系の外縁部でつくられて、今の位置まで移動してきた可能性があります。地上でさらに詳しく分析することで、リュウグウの経歴がわかってくれば、太陽系の過去の歴史がよりはっきりとわかってきます。そして、その知見によって、地球生命のもとになった有機物がどのようにできてきたのかも明らかになると思います。また、予想していなかったこと、期待していなかったことが分析結果からわかってくることも楽しみにしています。

薮田ひかる。広島大学大学院先進理工系科学研究科教授。「はやぶさ2」プロジェクトで固体有機物分析チームのリーダーを務める。

地球外生命との交信ができるかも!? 世界最大の電波望遠鏡の全貌

1970年代に行われた宇宙との交信

広大な宇宙には、高度な文明をつくる地球外生命（宇宙人）がいるかもしれません。かつて、まだ見ぬ地球外生命に向けて、地球からのメッセージを送ったことがありました。1972年と1973年に相次いで打ち上げられた惑星探査機「パイオニア10号」と「11号」には、知的生命に向けたメッセージを刻んだ金属板が搭載されました。また、1977年に打ち上げられた惑星探査機「ボイジャー1号」と「2号」にも、地球上の様々な音や世界の

音楽、あいさつといった音声情報や、音声データに変換された画像情報も収録されているレコードが載せられていて、知的生命が出会ったら、地球の情報がわかるようになっています。

さらに、1974年には、プエルトリコの「アレシボ天文台」の巨大電波望遠鏡から、アレシボメッセージと呼ばれる電波信号が送信されました。このメッセージは、数学の素数の知識があれば、絵が復元できるようになっています。そして、この絵を見ることで、人間が10進数を使うこと、人間の姿、DNAの化学構造式、太陽系のことなどがわかるしくみになっています。

これらのメッセージを送り出してから40年以上経ちますが、返事はいまだにありません。だからといって、地球外知的生命の存在が否定されたと考えるのは早計です。地球外知的生命の存在を確かめる方法はまだあります。知的生命が発信した電波を受信すればいいのです。

ボイジャー1号（右）と、搭載されたゴールデン・レコード（左）。©NASA/JPL-Caltech

建造中の最新電波望遠鏡

私たち人間は、テレビ放送や無線通信などに電波を使っています。それらの人工的な電波は宇宙空間に放出されているので、宇宙空間で地球の電波を受信する技術があれば、その電波を受信して、地球で放送されているテレビやラジオの内容がわかることでしょう。

この宇宙ではどこに行っても物理法則は変わりません。もし、地球外生命が地球人と似たような道をたどって進化をし、文明を築き上げていれば、電波を使って通信をしているはずです。そのように考えて、宇宙からやってくるであろう人工電波を観測しようと研究している人たちもいますが、まだ観測されていません。

実は、あと10年くらいすれば、宇宙からの人工電波を受信できるかもしれないと考えられています。現在、オーストラリアと南アフリカにＳＫＡ（Square Kilometre Array）という巨大な電波望遠鏡群の建設が予定されて

パイオニア10号。©NASA

います。このＳＫＡで観測される電波は、航空管制通信やＦＭラジオなどに使われる超短波（ＶＨＦ）とテレビや携帯電話などに使われている極超短波（ＵＨＦ）の周波数帯です。ＳＫＡの観測可能な範囲に、これらの周波数帯の電波を使う知的生命がいれば、ＳＫＡでその電波を受信することができるのです。

ＳＫＡの第１期は２０２１年に建設を始め、２０２７年頃から本格運用を開始する予定になっています。第１期のＳＫＡは、地球から50光年ほどの範囲で人工電波を発信する知的生命がいるかどうか確認できるといいます。その後、第２期の工事が終われば、第１期の数十倍に観測範囲を広げることができます。

ＳＫＡで実際に知的生命からの電波を受信できるかわかりません。しかし、何らかの形で地球外生命が存在することがわかったとしたら、それは奇跡といえるでしょう。もし、地球外生命が現実に現れたら私たちはどういう行動を取るのでしょうか。ＳＦ映画などでは、戦争になる結末、友情を育む結末のどちらも描かれています。できれば友情を育み、地球人の活動範囲を広げたいところです。

SKA は南アフリカとオーストラリアに大規模な電波望遠鏡群をつくっている。左側に描かれているパラボラアンテナは南アフリカに建設予定の電波望遠鏡で、右側に描かれている背の低いアンテナ群はオーストラリアに建設される予定のもの。
©SKA Organisation/Swinburne Astronomy Productions

特集 2

2020年ノーベル賞で話題のブラックホールの真相に迫る

地球を圧縮してブラックホールにすると、どのくらいのサイズ?

電波で探すことができるのは、知的生命だけではありません。この宇宙には光を放出しない天体が存在します。そのような天体も電波で見つけることができます。その代表例が「ブラックホール」です。

ブラックホールの正体は密度がとても高くて、重力が大きな天体です。ものすごく重力が大きいために、宇宙で一番速い光すら脱出することができないと考えられています。

ブラックホールの本体ともいえる天体の部分は、とても小さく圧縮されています。今の物理学の理論では、小さな点のような状態にまで圧縮されると考えられています。そして、そのブラックホールのもとになった天体の重さに応じて、光すらも脱出できないブラックホールの領域ができるのです。このブラックホールの領域と宇宙空間の境界となる部分を「地平の境界面」といいます。

例えば、太陽をギュッと圧縮してブラックホールにした場合、半径3㎞ほどの小さなブラックホールができます。地球を圧縮した場合にできるのは、半径約1㎝のブラックホールです。

科学者の知のバトン

ブラックホールという名前がつけられたのは1967年のことですが、ブラックホールのような天体の存在が物理学の理論から考えられるようになったのは、アルバート・アインシュタインが「一般相対性理論」を発表した翌年の1916年のことです。ドイツの物理学者カール・シュバルツシルト(1873〜1916年)が一般相対性理論からブラックホールのような天体が導かれることを示したのです。シュバルツシルトは、なんと第一次世界大戦の戦場でも研究し、帰国と同時に亡くなってしまったのです。

シュバルツシルトが示したのは、あくまで数学的にブラックホールが存在できるということで、現実の宇宙でブラックホールが存在することについては、アインシュタインも疑っていました。

しかし、その後、たくさんの科学者

ESO, ESA/Hubble, M. Kornmesser

カール・シュバルツシルト（右）©Aflo
1980年のロジャー・ペンローズ（左）©Science Photo Library/amanaimages

が研究を重ねた結果、ブラックホールがこの宇宙に存在することがはっきりとしてきました。その大きなきっかけをつくったのが、イギリスの数学者ロジャー・ペンローズ（1931年〜）です。

ブラックホールになる天体は、極度に圧縮されており、体積が限りなく小さくなります。そのため、物理学の理論では、ブラックホールの本体は密度が無限大になる「特異点」ができると考えられています。

密度が無限大になってしまうと理論が破綻しかねないと、たくさんの物理学者は何とか特異

1971年にその存在が確認されたブラックホール「はくちょう座X-1」。
質量は太陽の10倍程度。©NASA, ESA, Martin Kornmesser (ESA/Hubble)

アンドレア・ゲズ（右）©REUTERS / MIKE BLAKE - stock.adobe.com
ラインハルト・ゲンツェル（左）©REUTERS / ANDREAS GEBERT - stock.adobe.com

天の川銀河。巨大ブラックホール「いて座 A スター」は天の川銀河の中心にある。ゲンツェルとゲズは、いて座 A スターの周りを回る恒星の運動を10年以上観測し、いて座 A スターが巨大ブラックホールであることを示した。
©NASA/JPL-Caltech

点が登場しないブラックホールの理論を考えようとしましたが、それに成功する人はいませんでした。

しかし、ペンローズは1965年に、「ブラックホールは事象の地平面の内部に特異点を持たなければならない」という「特異点定理」を証明したのです。

2019年、ブラックホールをついにとらえた！

1970年代に入ると、実際にブラックホールが観測されるようになります。人類が初めて観測したブラックホールは、1971年の「はくちょう座X—1」でした。その後、同じようなブラックホールがたくさん発見されています。さらに、銀河の中心には太陽の100万倍から100億倍の質量を持つ巨大ブラックホールが存在することがわかってきました。

巨大ブラックホールは、私たちのいる天の川銀河の中心にもあります。天の川銀河の中心に位置する巨大ブラックホールは「いて座Aスター」と呼ばれています。いて座Aスターの存在は、電波による観測でだんだんとわかってきましたが、質量がどのくらいあるのかはよくわからないままでした。

そこで、ラインハルト・ゲンツェル（1952年〜）とアンドレア・ゲズ（1965年〜）が赤外線で、いて座Aスターの周りにある星の運動を10年にわたって観測したところ、いて座Aスターの質量が太陽の400万倍もあることを求めることができたのです。

ブラックホールそのものは光すら出さないので、現在知られているブラックホールは、正確にいうとブラックホール候補天体となります。しかし、2019年4月に、世界の6か所にある8つの電波望遠鏡を組み合わせて地球サイズの大型望遠鏡をつくり、地球から5500万光年離れた銀河「M87」の中心にある巨大ブラックホールの影を撮影することに成功しました。

このように、様々な研究によってブラックホールの存在がほぼ確実になったことから、2020年にブラックホールの研究で大きな功績を残したペンローズ、ゲンツェル、ゲズの3人にノーベル物理学賞が贈られたのです。

EHT でとらえた M87 の中心にある巨大ブラックホールの影。
©EHT Collaboration

はじめに

我々はどこから来たか、我々はどこへ行くのか

「宇宙」と「生命」は、まったく関係ないように思えますが、実は密接に関係しています。例えば、私たちが暮らす地球はこの宇宙の一部ですし、生命をつくっている物質は宇宙でつくられ、地球上にやって来たものです。そういう意味では、私たち人間は星のかけらでできているといえます。

そうはいうものの、地球に生きる生命がどのように誕生したのかを、私たちはよく知りません。フランスの画家ポール・ゴーギャンは、「我々はどこから来たのか　我々は何者か　我々はどこへ行くのか」というタイトルの絵画を描きましたが、このタイトルは現代に生きる私たちも、常に考え続けている問いだと思います。

この問いの答えは宇宙にあります。

本書は近年、大きく重なり合うようになってきた「宇宙」と「生命」の関係を整理し、まとめています。

「第1章　宇宙を知れば〝生命の起源と進化〟がみえてくる」では、地球に生命が生まれた理由を考えます。

「第2章　地球外生命が存在する⁉〝生命の痕跡〟の数々」では、太陽系で地球以外の場所に生命が存在する可能性を探ります。

「第3章　最新鋭の望遠鏡が見た〝第2の地球〟」では、生命の存在が期待される系外惑星がどのように発見されてきたのかを振り返ります。

「第4章　宇宙の最前線！　ここまで進んだ〝移住計画〟」は、宇宙開発のこれまでとこれからを見渡し、人類が宇宙のどこまで進出できるのかまで話題を広げています。

この他にも、特集のページでは、はやぶさ2がリュウグウから持ち帰ったサンプルを分析することでわかること、知的生命探査やブラックホールといった気になる話題を掘り下げました。科学の研究が進むことで、宇宙や生命の謎も解き明かされていき、人類の活動範囲が広がっていくことでしょう。

最後に、インタビューに快く応じてくださいました名古屋大学の渡邊誠一郎教授と広島大学の薮田ひかる教授に、ここに感謝申し上げます。

荒船良孝

宇宙と生命　最前線の「すごい！」話　もくじ

第2章

地球外生命が存在する⁉
〝生命の痕跡〟の数々

第3章

最新鋭の望遠鏡が見た〝第2の地球〟

第4章

宇宙の最前線！ここまで進んだ〝移住計画〟

第1章

宇宙を知れば〝生命の起源と進化〟がみえてくる

そもそも、生命とは何か

「生命の宝庫」地球

地球は赤道の直径約1万2700㎞の球状の惑星です。人の目から見ると、果てしなく大きな天体ですが、宇宙から見ると、ほんの小さな点のようなものです。この小さな天体には、数え切れないほどたくさんの生物が暮らしています。

現在、地球上では約190万の生物種が確認されています。しかし、この数は単に、人類が確認したものにすぎません。国連環境計画（UNEP）などは、地球上の生物種は約870万種いると推定する研究結果を発表しています。つまり、私たちは地球上にいる生物の2割くらいしか知らないことになります。人間に発見されずに絶滅していった生物もたくさんいるはずです。まさに、地球は「生命の宝庫」という表現がよく似合います。

一方、視線を宇宙に転じてみると、様相は大きく変わります。広い宇宙の中で、地球以外で生命が確認された天体はまだ発見されていないのです。現時点では、生命は地球上にしか存在しない孤独な存在となってしまいます。しかし、本当にそうなのでしょうか。この数十年の間に、宇宙に生命が存在する可能性を示す研究結果がたくさん発表されるようになりました。

生命の3つの条件

ところで、私たちは本当に生命のことをよく知っているのでしょうか。実は、私たちは、「生命とは何か」という問いに、まだはっきりとした答えが出せていません。生物学など、生命を研究している科学者は、生命の定義をあまり考えずに、目の前にいる生命を研究してきたといいます。

顕微鏡などが発明されると、細菌などの微生物の存在が明らかになり、生命の世界は大きく広がりました。さらに、ウイルスという生命、非生命のどちらともいえないようなものまで発見され、生命の定義はますます困難になっているように見えます。現在のところ、たくさんの人たちが納得する生命の定義は、次の3つの条件を満たしているものとなります。

（1）膜で外界と区切られている
（2）物質の合成や分解などの代謝をしている
（3）複製・増殖をする

生命は有機物をはじめとして、様々な物質が組み合わされてつくられています。代謝や複製の本質は、それらの物質を材料とした化学反応です。化学反応をするときは、反応するものが密集していたほうが、効率がよくなります。ですから、膜で外の世界と区切られているほうが有利です。

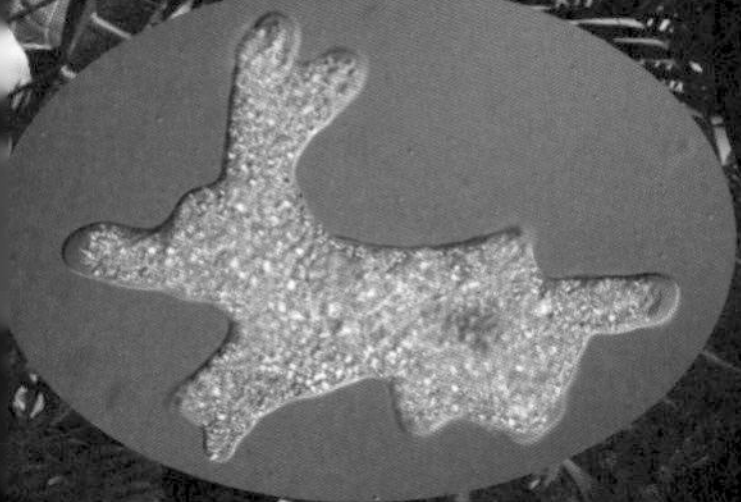

これらの条件は、あくまでも地球の生命から導き出されたものです。地球以外の場所から生命が発見されれば生命の本質に、より迫ることができるでしょう。そうすれば、この定義も変わってくるかもしれません。その他にも、地球に生命が誕生した理由や過程なども謎に包まれています。これらの謎を解き明かそうと、たくさんの科学者が研究を進めているのです。

アメーバは、分裂して増殖する「単細胞生物」。
©Michael Abbey/Science Source/amanaimages

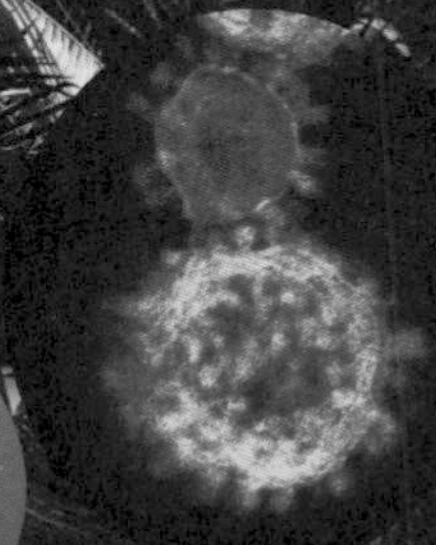

ウイルスは、生命の3条件の「（3）複製・増殖」を自らできない。
©Callista Images/Image Source RF/amanaimages

オランウータンの親子。有性生殖して増える「多細胞生物」。
©Adobe Stock

生命誕生の3大要素は、他の天体にもある？

海王星

天王星

土星

生命に欠かせない環境

地球に生命が誕生した理由は、「有機物」、「液体の水」、「エネルギー」の3つの要素がそろっていたからだと考えられています。

まず、「有機物」は生命の体をつくるのはもちろん、生命の定義にもなっている代謝、複製を実際におこなうものです。これがないと生命は生まれません。

「水」は、様々なものを溶かしこむことができます。そして、溶けたものが出会い、反応する場をつくります。代謝や複製を細かく見ていくと、たくさんの物質が関係する化学反応となります。水はそ

太陽系

の化学反応を起こす場としてとても重要な役割を果たしているのです。

そして、「エネルギー」。生命が活動をするにはエネルギーが必要です。人間の場合は、食べものを通じて摂取した栄養素を体内で反応させることで、エネルギーを得ています。しかし、このエネルギーは、元をたどると太陽や地熱に行きつきます。天体にエネルギーの供給源がなければ生命が活動のためのエネルギーを得ることができないのです。

３つの要素のうち、特に重要だと考えられているのが水の存在です。ここ数十年の研究によって、有機物は宇宙の様々な場所で見つかっています。しかし、水が存在する場所は限られています。この３つの要素をもつ天体を探す手がかりとなるのが、主星となる恒星（太陽系での

太陽系には、８つの惑星があることで有名だが、それ以外にも、準惑星、小惑星、彗星など、たくさんの小天体が存在する。

太陽にあたる、自ら光を出す天体）との距離です。惑星は主星との距離によって、主星から送られてくる光や熱の量が決まります。

太陽系の8つの惑星

太陽系を例にしてみると、火星より太陽に近い惑星は比較的小さく、岩石質でできた「岩石惑星」であるのに対し、木星より遠い惑星はガスや氷などでできた「巨大惑星」となります。太陽系の惑星は、太陽の誕生とほぼ同時期につくられました。太陽に近い場所では、太陽からの熱や光が強いために水が存在できずに、岩石や金属のちりなどがたくさん残りました。それらのちりが衝突を繰り返し、だんだんと大きくなったことから岩石惑星がつくら

惑星の種類とハビタブルゾーン

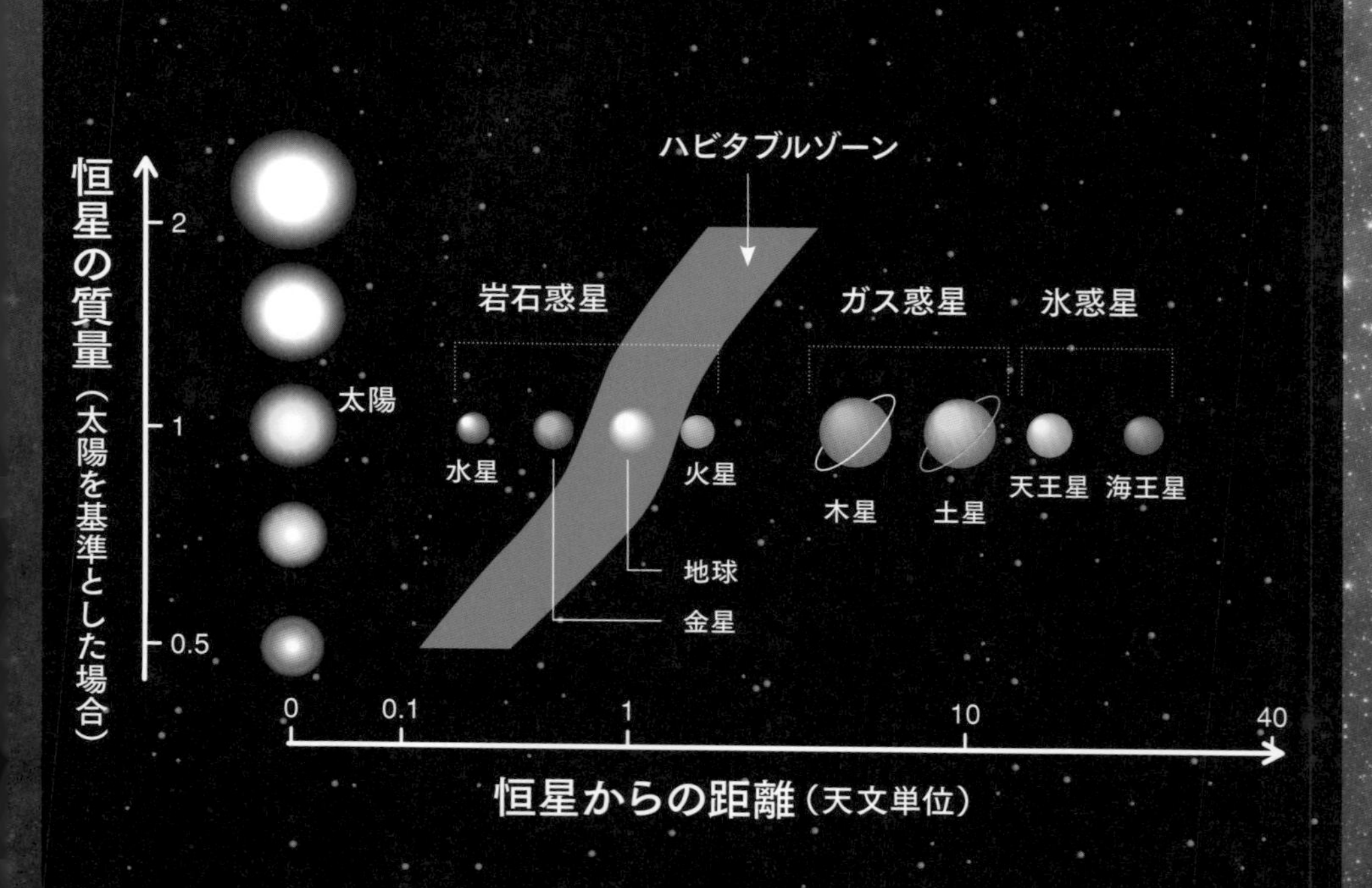

れるようになったのです。

　対して太陽から離れていると熱や光があまり届かないために、水は氷の粒として存在します。太陽の近くよりも惑星の材料がたくさんあるので、大きな惑星の核ができます。木星と土星は、その大きな核にガスが引き寄せられたために巨大なガス惑星になりました。

　天王星と海王星は、太陽から離れすぎているために、惑星の核が成長するスピードが遅くなったようです。その影響で、核ができあがった頃には太陽系の中に漂っていたガスは、木星と土星にほぼすべて取られた後だったために、十分な量のガスをまとえずに氷惑星となりました。

水が存在する領域とは

　さて、太陽系の惑星の中で表面に液体の水がある惑星、つまり海のある惑星は地球だけです。地球に海ができるのは、太陽との距離が絶妙で、暑すぎもせず、寒すぎもしない環境が維持できる場所にあるからです。地球が今よりも太陽に近い場所にあったら、太陽からの強い熱によって海は蒸発してしまうでしょう。逆に、遠い場所にあると、今度は太陽の熱が足りなくて、凍りついてしまいます。

　このように、惑星の表面に液体の水が存在できる領域のことを「ハビタブルゾーン（生命居住可能領域）」といいます。それにしても、惑星の表面に液体の水が存在することと、生命が存在できることが、なぜ関係あるのでしょうか。そのヒントは、先ほど挙げた3つの要素にあります。生命は自身を維持し、複製していくために、体の中で化学反応を起こします。そのとき重要なのが液体の水です。

　液体の水はたくさんのものを溶かしこむ性質があります。そして、溶かされたものは水の中で出会い、反応します。つまり、水が様々なものを反応させる容器のような役割をしているのです。惑星に液体の水が存在すれば、3つの要素のうち1つはクリアしていることになるので、生命が存在する可能性は高くなります。

　ちなみに、太陽系の中で、明確にハビタブルゾーンの中に入っている惑星は地球だけです。火星が入っているかどうかは、研究者によって見解が分かれます。

生命をつくった!?「スタンリー・ミラーの実験」とは？

誕生したばかりの地球の姿

今から約46億年前、宇宙を漂うガスやちりが集まった分子雲の中で、特に密度の高い場所で太陽が生まれました。そして、そのとき太陽になり切れなかったガスやちりがその周りで衝突を繰り返し、やがて8つの惑星が形づくられていきます。その中の1つが地球です。

誕生したばかりの地球は現在とは様子が違い、表面はマグマの海（マグマ・オーシャン）で覆われていたと考えられています。そして、時間の経過と共に、地表や大気が冷やされていきます。すると、大気に含まれていた水蒸気が凝縮し、地表に雨を降らせます。初期の地球では、とても激しい雨が数百年も降り続いた時期もあったようです。雨は地表から熱を奪い、地殻が冷えて固まることを手助けします。同時に、地表の低い場所に水が溜まり、海が形成されます。

その後、数億年経つと、地球に生命が誕生するわけです。地球生命がどのように誕生したのかを知るためには、いくつかの謎を解明しなければいけません。そのうちの1つが、有機物がどのようにして地球へもたらされたのかということです。

生命は、その材料となる有機物がなければつくることができません。しか

誕生直後の地球は表面がマグマに覆われ、
隕石もたくさん飛来していたと考えられている。
©kinoshita shinichiro/nature pro./amanaimages

し、誕生したばかりの地球はマグマ・オーシャンが広がり、文字通り灼熱（しゃくねつ）の海でした。そのような環境では、有機物があったとしても、原子レベルでバラバラとなり、他の物質になってしまいます。そこで、地球に有機物がもたらされた経路を知る必要があるのです。

有機物をつくり出した実験

20世紀に、この謎を解き明かす説として注目されたのが、「化学進化説」です。これは、初期の地球で、無機物から有機物がつくられたと考える説です。この説を一躍有名にしたのが、アメリカの化学者スタンリー・ミラーです。ミラーは1953年に、当時、初期の地球大気の成分だと考えられていたメタン、アンモニア、水素、水（水蒸気）を1つの容器の中に入れ、そこに6万ボルトもの高電圧をかけて放電する実験をおこないました。

すると、これらの大気の成分から、グリシン、アラニン、アスパラギン酸、グルタミン酸などのアミノ酸ができたのです。これらのアミノ酸は、現在の生物にはなくてはならないたんぱく質を構成する成分です。このミラーの実験で放電がおこなわれたのは、初期の地球で起こると考えられた雷などの放電現象の代わりです。

その後、ミラーの実験と同じような実験がいくつも実施され、紫外線、熱、衝撃波などによってもアミノ酸ができることがわかってきました。そのため、初期地球の大気中の成分からアミノ酸などの有機物がつくられる化学進化によって、生命の材料がつくられたのではないかという見方が強くなりました。

生命の材料はどこから来たか

しかし、研究が進むと、初期の地球大気の成分はメタン、アンモニア、水素はあまり含まれておらず、二酸化炭素、窒素、水蒸気が主成分であると考えられるようになり、化学進化説は勢いを失いました。この大気の成分では、雷や紫外線でアミノ酸ができないからです。

その一方で、地球生命の材料として注目されるようになったのが、宇宙に存在する有機物です。最近の研究では、この宇宙には有機物がたくさん存在することがわかってきました。実際、彗星や隕石には、たくさんの有機物が含まれています。また、南極の氷の中には、宇宙から地球に降りそそがれた小さなちりである「宇宙塵」が今でも封じ込められています。その宇宙塵を分析してみると、そこにも複雑な有機物が含まれていました。つまり、地球生命の材料となった物質が宇宙からやって来たという説は、荒唐無稽な話ではないのです。

ユーリー・ミラーの実験

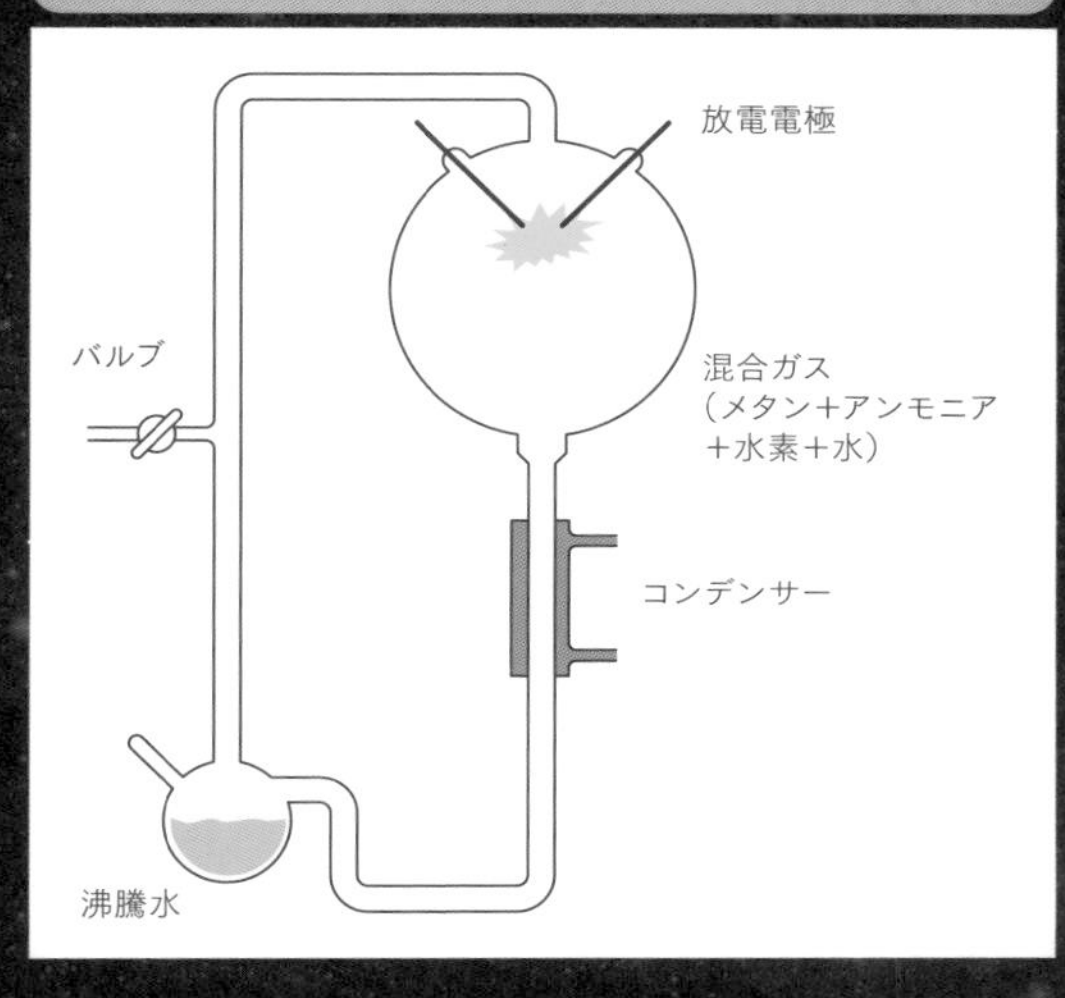

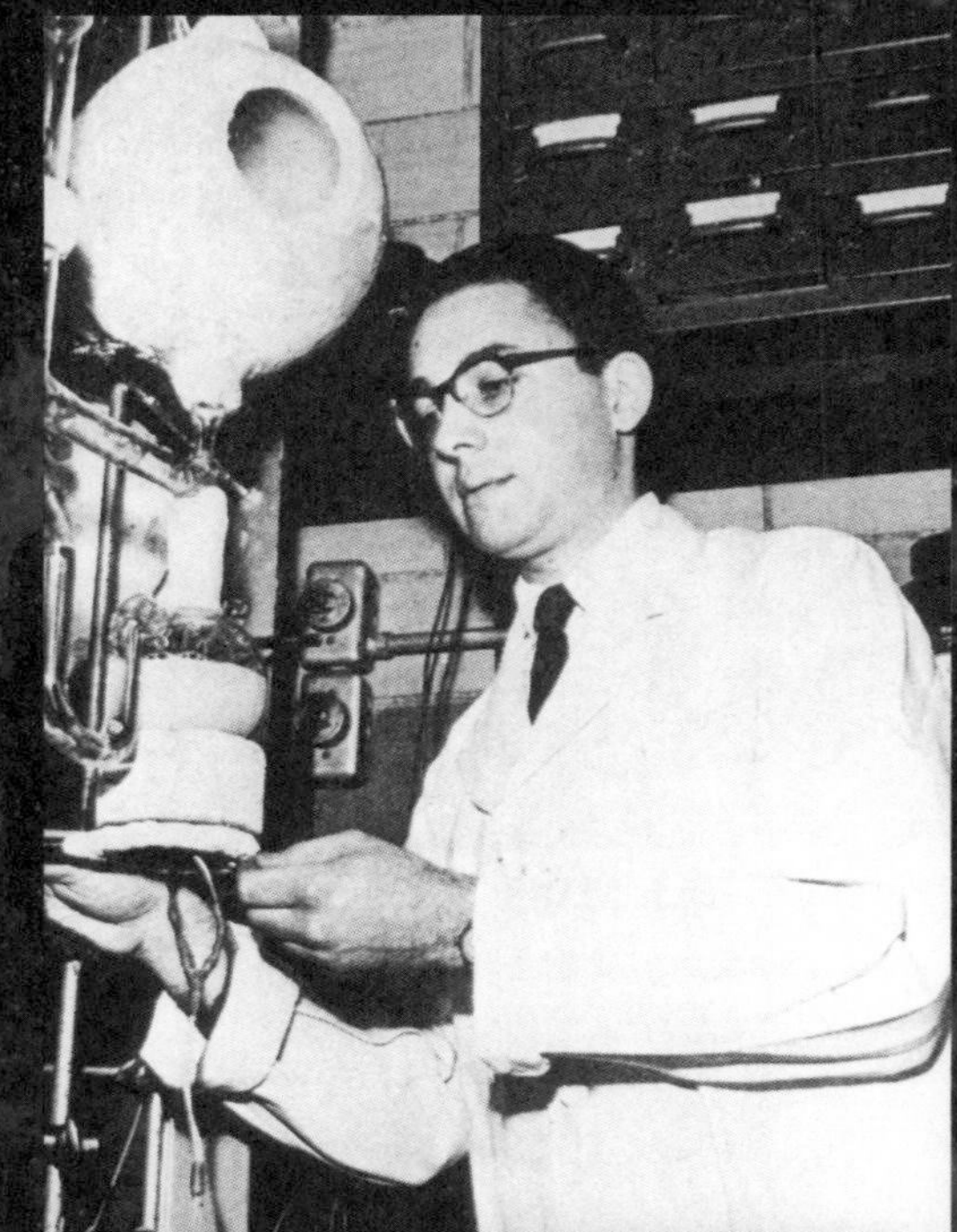

アメリカの科学者、スタンリー・ミラー（1930～2007年）。大学院生の頃に行ったミラーの実験で、世界中の注目を浴びた。

地球生命が誕生したのは、どこ？

生命進化の条件「DNA」

ミラーの実験がおこなわれた1953年には、他にも生命のとらえ方を大きく変える研究結果が発表されています。ジェームズ・ワトソンとフランシス・クリックの2人の分子生物学者が、DNA（デオキシリボ核酸）は二重らせん構造をしていることを明らかにしたのです。

DNAは2本のひものような長い分子が、らせんを描くように巻かれています。このひも状の分子の上には、アデニン（A）、チミン（T）、グアニン（G）、シトシン（C）の4種類の塩基が並べられています。この塩基が2つのひもをくっつける役割をして、二重らせん構造をつくっているのです。

この発見により、DNAに並べられている塩基の配列が生命の設計図である「遺伝情報」であること、そしてDNAが複製されることで、親から子へと伝えられることなどが明らかになったのです。

ある生物がもつすべての遺伝情報のことを「ゲノム」といいます。その後、DNAの塩基配列の情報を読み取るPCRの技術が開発され、発展したことで、様々な生物のゲノムが読み取られ、分析されるようになりました。これまで、生物学では形態などを観察して、生物を分類し、進化の過程を考えてきましたが、ゲノム情報からも生物種の分類や進化の過程を探ることができるようになったのです。

例えば、ヒト、チンパンジー、ゴリラ、オランウータンは、いずれもサルから分化した類人猿の仲間です。以前は、共通の祖先からヒトだけが分かれて、他の類人猿とは異なる独自の進化をしたと考えられていました。しかし、ゲノム情報を比べることで、ヒトとチンパンジーは考えられていたよりも、近い種であることがわかってきたのです。

ゲノム情報によると、４つの種の中で最初に分かれたのはオランウータンの仲間です。その次にゴリラの仲間が分かれ、そしてチンパンジーの仲間とヒトの仲間が分かれたのです。チンパンジーの仲間とヒトの仲間が分かれたのは今から７００万～５００万年前あたりと考えられています。

ゲノム情報の分析をしていくと、地球上のすべての生物は、共通する祖先から進化したという説が現実味を帯びてきました。地球上の生物は大腸菌からヒトまで、ほとんどすべてが、たんぱく質をつくるために20種類のアミノ酸を使っています。しかも、遺伝情報

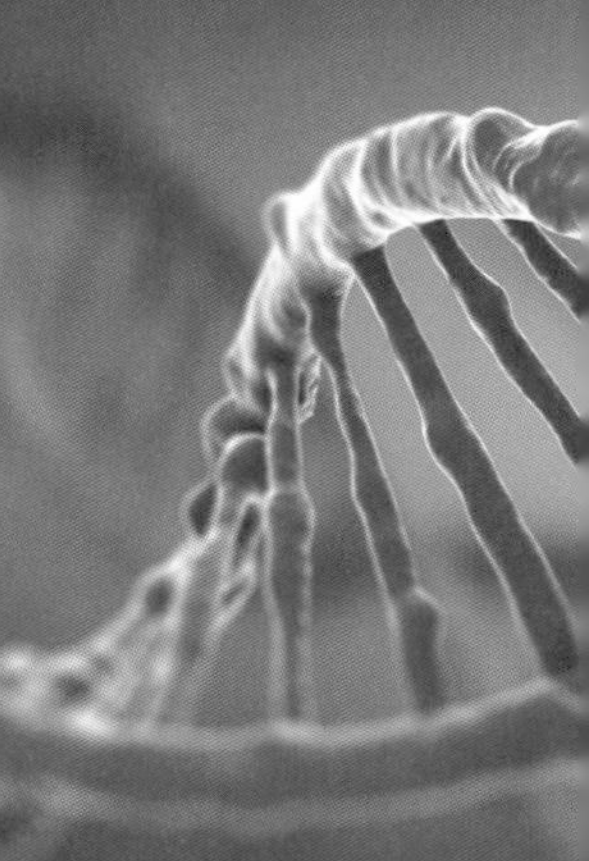

DNAのイメージ。生物の体をつくる設計図のようなもので、たくさんの塩基で遺伝情報を記録している。©Adobe Stock

に使われている塩基が4種類というのも共通しています。

初の生命が生まれた場所

　地球生命の共通祖先がいるとしたら、どこで誕生したのでしょうか。現在、候補として考えられている説は2つあります。1つ目は深海底に点在する「熱水噴出孔」です。熱水噴出孔からは、海底から染みこんだ海水が地熱のエネルギーによって400℃近い温度の熱水となって噴き出しています。熱水には、鉄、亜鉛、コバルト、二酸化ケイ素、硫化水素、水素など、様々な物質が溶けこんでいます。それらの化学物質をエサにして有機物をつくる化学合成菌の仲間が集まり、独自の生態系がつくられているのです。

　熱水噴出孔に集まってくる化学合成菌の仲間は、100℃近くの高温でもよく成育する好熱性の微生物です。ゲノム情報から、進化の歴史をさかのぼっていくと、地球生物の共通祖先と遺伝的特徴が一番近いと考えられる生物は、深海の熱水噴出孔付近に暮らす好熱性微生物でした。生物が誕生した頃の地球は、酸素がほとんどありません。化学物質が豊富にある熱水噴出孔のような環境は、生命誕生の格好の舞台だったのかもしれません。

　2つ目の説は、生命は陸上の温泉で生まれたという説です。温泉も熱水噴出孔と同じように、化学物質が豊富な熱水を噴出します。地上の浅瀬の窪地などに湧き上がった温泉が蒸発して、様々な有機物が凝集することで、生命へと発展したのではないかと考えられています。この説では、アミノ酸やＤＮＡの材料となる核酸がつくられる過程が無理なく説明できます。

どちらの説にも、利点と難点がありますが、研究が進んでいくことでどちらが正しいのか、それともまったく別の場所で生まれたのかがわかってくるでしょう。このような知識は、地球外生命を発見するための手がかりにもなるはずです。

海底の熱水噴出孔。熱水噴出孔の付近は、生命の祖先に非常に近い細菌類「メタン生成菌」がみつかっていることもあり、初期の地球環境に近いと考えられている。
©Science Photo Library/amanaimages

生命は宇宙空間を移動できたのか

現代を生きる私たちにとっても、この説はにわかに信じがたいものがあります。100年前の人たちにとっては、かなりの驚きだったことでしょう。生命が宇宙空間を移動するといわれても、当時はそれを検証する術はありませんでした。提唱者のアレニウス自身も、パンスペルミア仮説の証拠を示すことはできないと考えていたようです。

パンスペルミア仮説は、証拠がほとんどない時期が続いたため、歴史の中に埋もれてしまいました。しかし、時代が進み、気球、航空機、ロケットなどを使用して、大気の高層部分の分析ができるようになると、新しい事実が

歴史に埋もれた100年以上前の仮説

「地球生命の祖先は、宇宙で生まれた」

こう聞くと、奇想天外に感じませんか。生命の起源についての研究が進む中で、このような仮説も真剣に考えられています。

今から100年以上前の1906年に、スウェーデンの物理化学者スヴァンテ・アレニウスが、地球生命は宇宙からやって来たという「パンスペルミア（胚種広布）仮説」を発表しました。彼は、地球生命の種となる生物は、宇宙空間を漂っても生き残り、地球までやって来たと考えていました。

アレニウス(1859～1927年)。パンスペルミア仮説の他に「電離説」で1903年にノーベル賞を受賞し、「アレニウスの式の証明」など、多くの功績を持つ。また、「地球温暖化の最初の提唱者」でもある。©Science Photo Library/amanaimages

発見されました。酸素がとても少なく、紫外線や宇宙線の量の多い数十km上空の高層大気でも、微生物が採取されるようになり、パンスペルミア仮説が見直されるようになったのです。

仮説の解明に期待が膨らむ、数々の実験

そして、２０１５年にはパンスペルミア仮説を検証する実験である「たんぽぽ計画」が始まりました。たんぽぽ計画では、国際宇宙ステーション（ＩＳＳ）のきぼう実験棟に設置された船外実験プラットフォームに実験装置を置き、いくつかの実験をしました。その中の１つが、宇宙空間を漂う有機物や微生物を捕獲するというもの。残念ながら、この実験では、まだ有機物や微生物の捕獲はできていません。

しかし、他の実験ではおもしろい結果が得られています。地球で採取された放射線に耐性のある微生物を宇宙空間にさらしたところ、3年経過した後でも、生き残ることがわかったのです。宇宙空間に運ばれたのは、乾燥して休眠状態になった微生物のコロニー（集落）。コロニーには同じ種類の微生物がたくさん集まった状態になっていました。外側の微生物は強い紫外線を浴びて死んでいたものの、内側のものは紫外線の影響を受けずに生き延びていたというのです。

この実験結果から、放射線に耐性をもつ微生物が、隕石の元となる岩石の奥などに潜んでいれば最長で8年ほどは生きられるのではないかとみられています。今回の実験は、生命が宇宙か

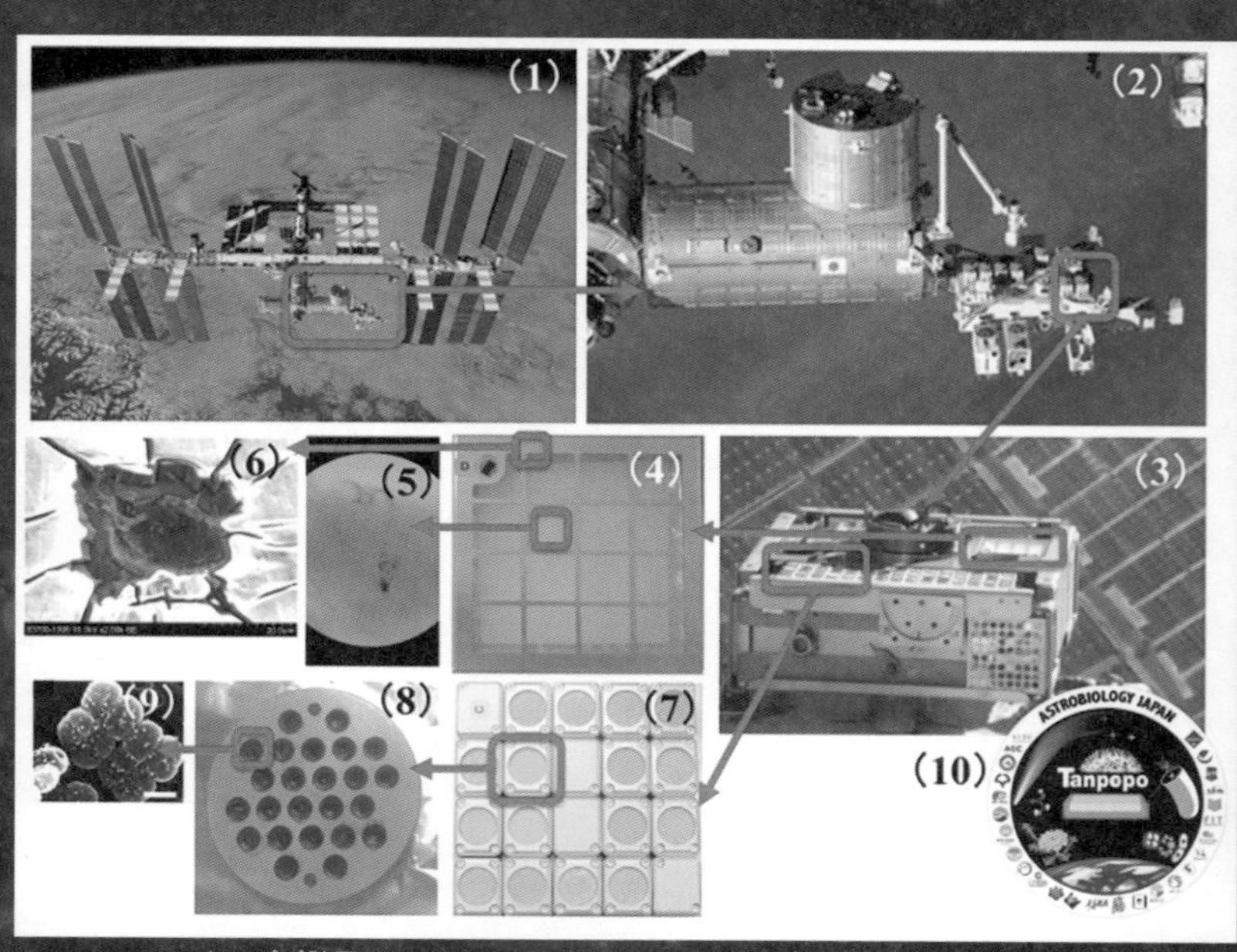

たんぽぽ計画では、ISS きぼう実験棟の船外実験プラットフォームを使い、宇宙塵や微生物の捕集実験、放射性耐性微生物の宇宙空間への曝露実験がおこなわれてきた。ISS（1）、「きぼう」曝露部（2）、ExHAM（3）、「たんぽぽ」捕集パネル（4）のエアロゲル中の捕集微粒子（5）とアルミニウム蓋上の微小衝突クレーター（6）、曝露パネル（7）内の試料収納部（8）に収められた放射線耐性細菌（デイノコッカス・ラディオジュランス）（9）。

らやってきたことを直接示すものではありません。しかし、条件がそろえば、ある天体に生息していた生命が、他の天体に移ることができる可能性を示しました。

地球上では、火星からやってきたたくさんの隕石が発見されています。もし、初期の火星に生命が誕生していれば、そのような隕石に乗って、地球にやってくることも否定できなくなってきたのです。

１９８４年12月に南極で発見された隕石「ＡＬＨ８４００１」には、生命の化石に見える鎖状の構造物があり、話題になりました。この隕石は元々、火星の岩石だったものが、はじき飛ばされて、地球までやってきました。そのため、火星に生命がいたことの証拠となるのではと期待されましたが、結局、この構造物は生命の化石ではありませんでした。

しかし、地球には火星からたくさんの隕石が飛来しています。そのような事情もあり、初期の火星で生まれた生命が地球生命の祖先なのではないかと考える人たちもいるのです。

南極で発見された隕石「ALH84001」は、分析の結果、約36億年前に火星でつくられた岩石であることがわかった。
©NASA/JSC/Stanford University

生命の大進化の定説を揺るがした「ある古細菌」の発見

生物は、大きく3つに分類される

地球生命には、解明されていない謎がたくさん残っています。その1つが、「真核生物」の誕生過程です。

地球生命を大まかに分類すると、「バクテリア（細菌）」、「真核生物」、「アーキア（古細菌）」になります。バクテリアは乳酸菌や大腸菌を含むグループで、アーキアには超好熱菌、メタン生成菌などがいます。そして、真核生物は、カビ、酵母、ゾウリムシのような小さな生物から、ゾウやクジラまで形も大きさもまちまちの様々な生物が含まれます。私たちヒトも真核生物の仲間です。

バクテリアとアーキアは原核生物と呼ばれ、数だけを比べると圧倒的に原核生物のほうがたくさんいます。しかし、原核生物は肉眼では見えないため、その全貌を把握しにくいのです。微生物は人工的に培養して数を増やさないと観察できないので、85％以上が未知のままになっているといいます。

バクテリア、アーキアの原核生物とヒトをはじめとする真核生物の大きな違いは細胞の構造です。原核生物ではDNAが細胞内でむき出しのままなのに対し、真核生物ではDNAが「核膜」に包まれています。また、真核生物には、生命活動に必要なエネルギーを生み出す「ミトコンドリア」などの小器官があり、原核生物よりも複雑なつくりになっています。

真核生物が登場したことにより、多細胞生物が登場し、様々な大型生物が生まれるようになりました。もちろん、ヒトもその延長線上にいます。真核生物が誕生した道筋を知ることはヒトのような知的生命誕生の秘密を解き明かすうえでも大切なポイントとなることでしょう。

アーキア

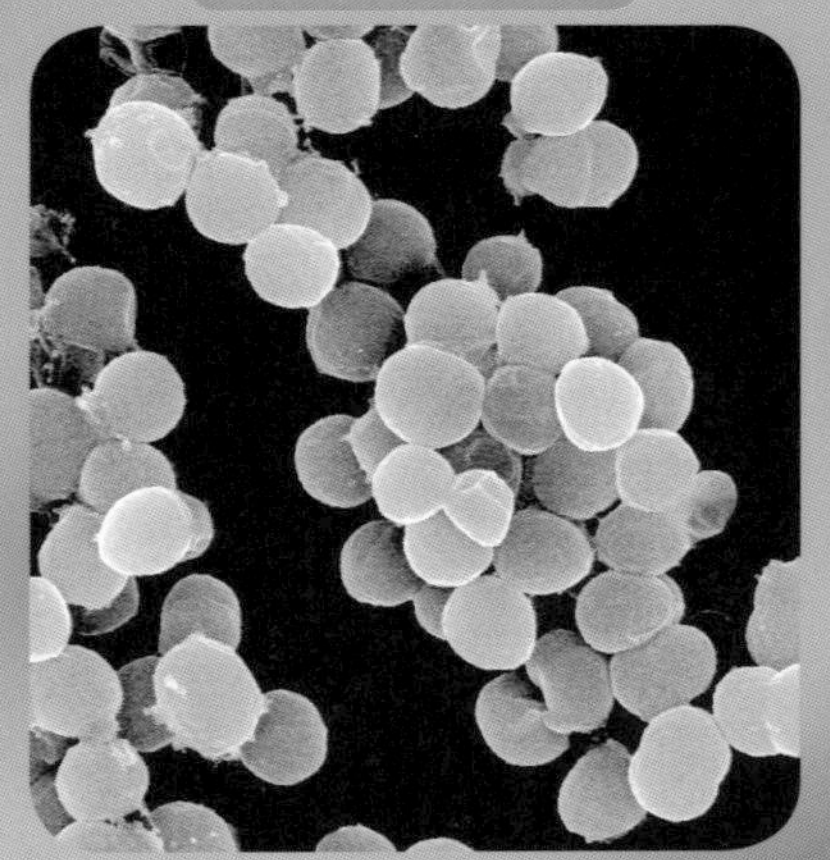

メタン生成菌。提供：産業技術総合研究所

バクテリア（細菌）

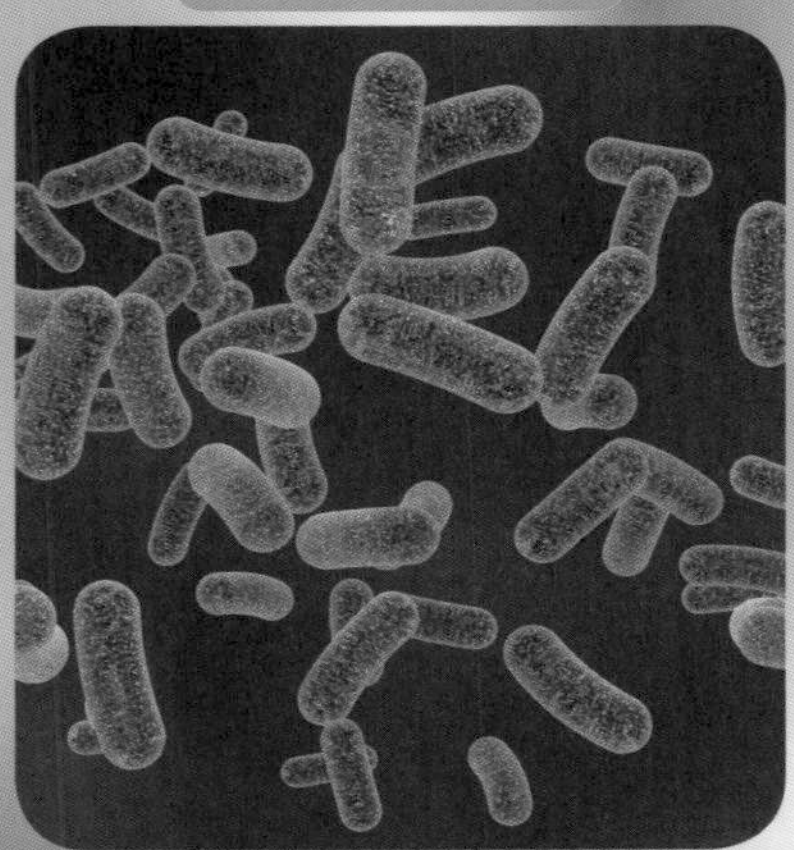

©Adobe Stock

真核生物

象の群れ。©Adobe Stock

ゾウリムシ。©Adobe Stock

ザトウクジラ。©Adobe Stock

定説を揺るがす大発見

実は、最近、真核生物誕生の謎に迫る研究成果が発表されています。地球生命は、共通祖先から、バクテリア、アーキア、真核生物の3種類に分かれて進化してきたという「3ドメイン説」（ドメインは、生物を分類する一番大きな枠組みのこと）が主流でした。しかし、2000年代に入り、共通祖先から直接分かれたのは、バクテリアとアーキアの2種類なのではないかという「2ドメイン説」が支持されるようになってきました。

2ドメイン説が本当だとすると、真核生物はどうなってしまうのでしょうか。実は、アーキアから真核生物が分かれたと考えられています。これまでは2ドメイン説が正しいことを証明するものがなかったのですが、水深2533mの深海底の泥から、その証拠となる生物が発見されたのです。

発見されたのは、アーキアの中でも真核生物に近い遺伝情報をもつ「ロキアーキオータ」の仲間の「MK-D1株」です。この生物はアーキアの仲間でありながら、真核生物だけがもっていると考えられたアクチンなどのたんぱく質の遺伝子をもっていました。

MK-D1株は、増殖中は直径550nm（ナノメートル）程度の小さな球状をしているのですが、成熟してくると、触手のような長い突起を伸ばします。MK-D1株は単独では生きることができず、硫酸還元菌などのバクテリアと共生する生物でした。

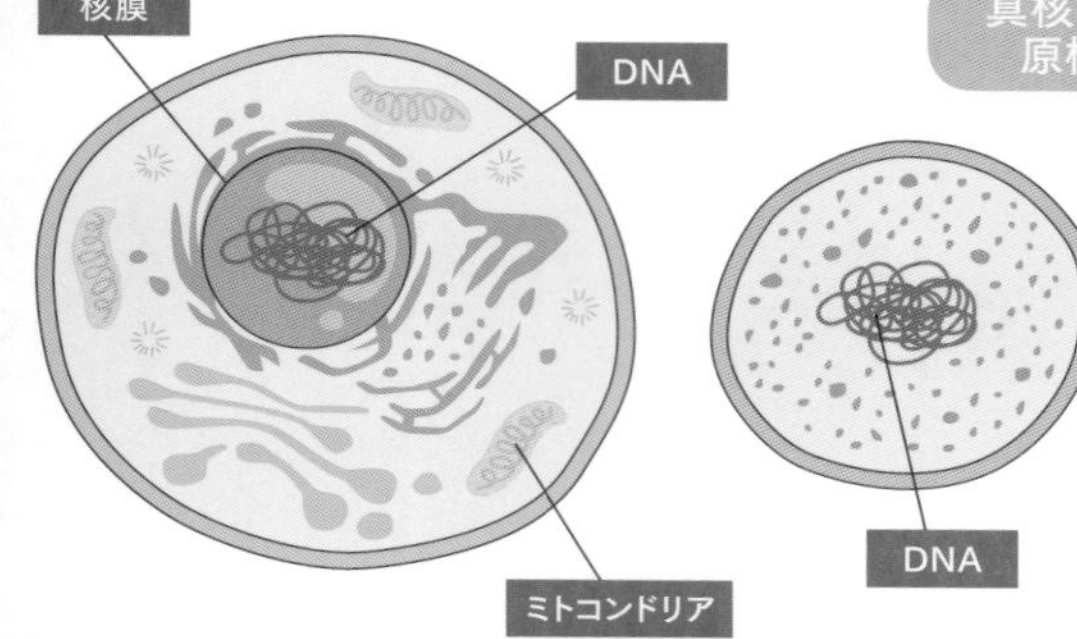

真核生物の細胞（左）と原核生物の細胞（右）

真核生物の細胞は、DNAが核膜に包まれ、ミトコンドリアなどの小器官があり、複雑なつくり。原核生物の細胞は、核膜や小器官がなく、単純なつくり。

ＭＫ－Ｄ１株を発見した研究者のグループは、これらの特徴から、ＭＫ－Ｄ１株の祖先にあたるアーキアが、あるとき共生していたバクテリアを長い突起で取りこんだことで、真核生物への道を歩んだのではないかという仮説をつくりました。研究が進めば、この仮説が正しいかどうかわかるはずです。

真核生物の登場は、生物の進化の中でも大きな出来事です。この謎が解けることで、なぜ、たくさんの細胞が協力して１つの生物体となる多細胞生物が登場したのかがわかってくるでしょう。その道筋の先は、私たち人間につながっているのです。

３ドメイン説（上）と２ドメイン説（下）

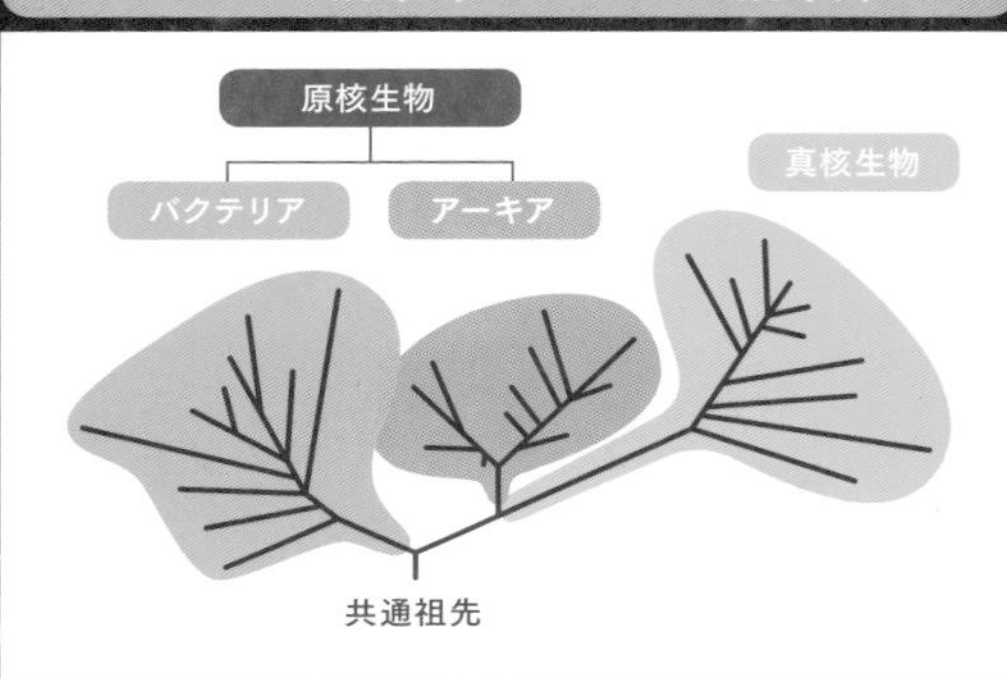

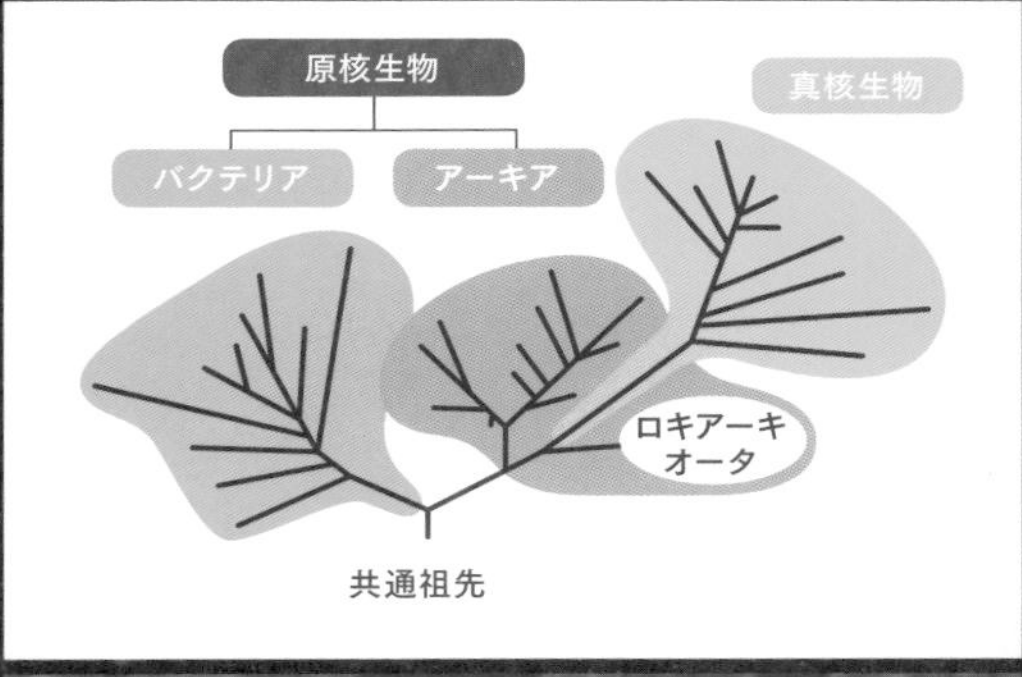

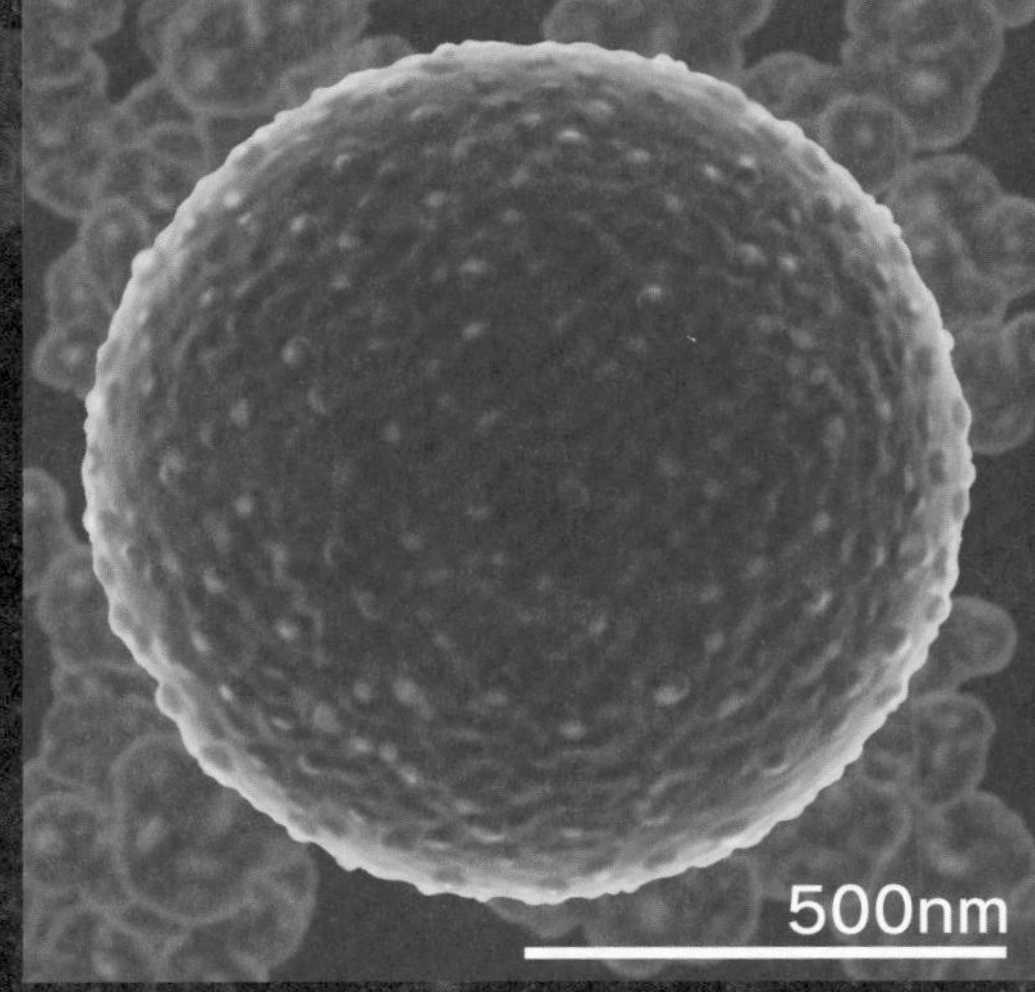

MK－D1株。イラスト © 木下真一郎

「生物が、地球を進化させた」とはどういうことか

数々の脅威から地球に守られている生物

　地球にたくさんの生物が暮らしているのは、地球によって守られているからです。宇宙では、生命にとって有害な「宇宙線」や「紫外線」などがやってきます。宇宙線は宇宙空間を飛んでくる放射線で、そのほとんどがプラスの電気を帯びた陽子です。宇宙空間では、これらの有害なものから身を守る工夫が必要ですが、地球に暮らす私たちは、特にそのようなものは必要ありません。なぜなのでしょうか。

　地球には酸素をたくさん含んだ大気と地磁気が存在します。これらは、私たちの目に見えるものではないので、あまり意識されませんが、宇宙の脅威から私たちを守ってくれているのです。宇宙線は、地球の上空で大気の分子と衝突し、生命にあまり害のない「二次宇宙線」に変化します。紫外線は大気中にできたオゾン層に吸収されます。また、電子などの電気を帯びた粒子は太陽からもやって来ます。地磁気があることで、それらの粒子が直接大気にぶつかるのを防い

地磁気のイメージ図。地球の周りに広がる磁場の働きによって、太陽風の粒子はほとんど地球に直撃しない。©iStock/Naeblys

©Adobe Stock

でくれているのです。

酸素ができたのはなぜか

しかし、地球は最初から現在のような姿だったわけではありません。誕生直後の地球はマグマ・オーシャンに覆われたドロドロとした世界でした。その後、時間の経過と共に地球全体が冷え、海や大地ができたのです。ただし、大気には酸素がほとんどありません。地球環境も繁栄する生物もまったく違うものでした。

地球環境に大きな変化が訪れたのは、今から27億年ほど前のことです。光合成で酸素をつくり出す「シアノバクテリア」が誕生したのです。当時、地球上にいた生物にとって、酸素は命を奪ってしまう猛毒のようなものです。シアノバクテリアによって酸素の量が多くなると、酸素に対応できない生物は深海底や地面の中に逃げこんでいきました。この事件は、地球で初めて発生した環境汚染なのかもしれません。

ただ、酸素濃度の上昇は、真核生物誕生の大きなきっかけになったと考えられています。その後も地球と生物はお互いに影響しあいながら、現在の環境をつくっていきました。地球がなければ生物はここまで繁栄しなかったかもしれませんが、生物がいなければ、地球はもっと荒涼とした環境だったのかもしれません。

西オーストラリアにある「ストロマトライト」。シアノバクテリアは、細胞から分泌する粘液でストロマトライトというドーム状の石をつくる。©yoshino yusuke/nature pro./amanaimages

第2章

地球外生命が存在する!?
〝生命の痕跡〟の数々

「火星人がいるかもしれない！」19世紀後半の衝撃

赤い星「火星」の正体

地球の隣に位置する火星は、古くから人々の関心を集めてきました。火星は肉眼でも見ることができる惑星の1つで、夜空に出現する赤い惑星は、多くの人たちの目を引きつけてきたからです。火星は恒星ではなく、地球と同じ「惑星」です。そのため、自ら光を発することはありません。では、なぜ赤い色に見えるのでしょうか。この色は、火星の大地の色なのです。火星は表面の3分の2以上が鉄の酸化物を含む赤茶けた土で覆われています。この大地が太陽光に照らされることで、赤く輝く独特の存在感を醸し出します。

19世紀の終わり頃、この火星に知的生命がいるのではないかという説が持ち上がりました。提唱者はアメリカのパーシバル・ローウェル。実業家である彼は、１８９４年に私財を投じてアメリカのアリゾナ州フラッグスタッフにローウェル天文台を建設しました。

彼が天文台を建ててまで見たかったものは火星です。ローウェルを火星観察に駆り立てたきっかけとなったのが、イタリアの天文学者ジョバンニ・スキャパレリが１８７０年代後半から描いた火星表面のスケッチでした。スキャパレリは、望遠鏡による観測から火星の表面に直線状の筋模様がたくさんあることを発見し、その筋を「カナリ」と発表しました。この言葉はイタリア語で「筋」「溝」「水路」という意味の言葉で、必ずしも人工物を意味するものではありません。

誤解が生んだ「観測ブーム」

しかし、スキャパレリのスケッチが広まるときに、人工的につくられた運河（カナル）と受け取られるようになったことで、火星人がいるかもしれないと考えられるようになったのです。ローウェルが私費で天文台をつくったのは、まさにこの運河を自分の目で見るため。10年以上にも及ぶ観測の結果、火星の表面にはたくさんの運河が存在し、それをつくったのは高度な文明を持った知的生命体の火星人であると、彼は結論づけました。

ローウェルの主張は、多くの人たちに衝撃を与え、火星観測ブームを巻き起こしました。ですが、ローウェルの火星人説に異を唱える声は多く、論争にまで発展したのです。反対派の1人は、ギリシャ生まれの天文学者ウジェーヌ・アントニアディ。彼は、はじめ

ローウェルと、彼が建設した天文台。この天文台は1930年に冥王星を発見したことでも知られている。
©Mary Evans/amanaimages

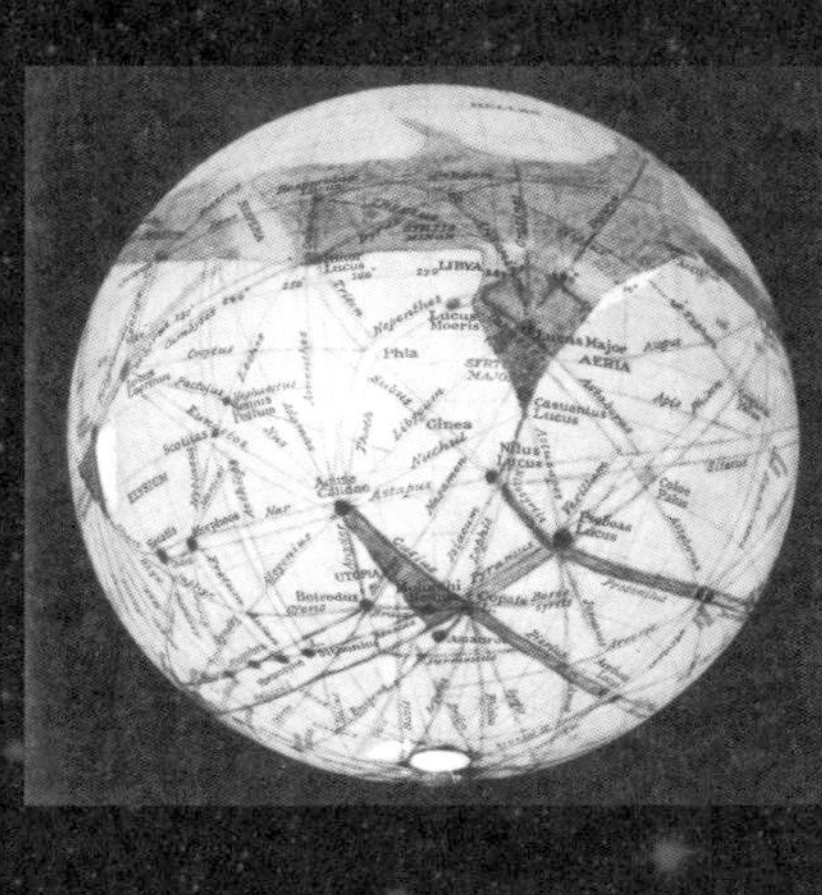

ローウェルが作成した火星の図面。観測した火星の表面から、町や水路の地図を描いた。©Science Source/amanaimages

は火星に運河があることを支持していたのですが、フランスにあるムードン天文台の大型望遠鏡で観察すると、直線状の筋のようなものはまったく見えなかったことから、反対派に転じるようになりました。

なぜ、火星人はタコの姿？

ローウェルの説は、SF作家にも大きな影響を与えました。イギリスの小説家ハーバート・ジョージ・ウェルズは、1898年に高度な文明を築いた火星人が地球に侵略してくる物語『宇宙戦争』を発表。この小説は世界的に絶大な人気を誇り、タコのような姿をした火星人のイメージが社会に定着するきっかけとなったのです。

ちなみに、火星人をタコの姿にしたのは、単なる思いつきではなく、火星の環境を考慮したものです。火星は地球よりも重力が小さいので骨などの構造で体を支える必要がないために体は柔軟に進化し、高度に発展した文明を築くために頭脳が発達したという考えから、頭の大きなタコのような姿として描いたといいます。

『宇宙戦争』は1938年にアメリカでラジオドラマとして放送されました。このドラマは、宇宙船が着陸した現場から生中継するというスタイルを取り、演出も真に迫っていました。そのため、番組の途中で「これはドラマです」という断りが4回も入ったにもかかわらず、本当に火星人が攻めてきたとパニックを起こしたリスナーがたくさんいたそうです。

「火星の生命発見！」が、そう遠くない？

火星探査機が見たもの

1960年代に入ると、人類はロケットによって火星に探査機を送りこめるようになりました。世界で初めて火星に到達したのは、1964年に打ち上げられたアメリカの「マリナー4号」。このとき、「フライバイ観測」により20枚ほどの画像を撮影し、火星の表面にたくさんのクレーターがあることを明らかにしました。

1970年代に入ると、探査はさらに進みます。まず、1971年にはアメリカの「マリナー9号」が史上初の火星周回軌道への投入に成功しました。マリナー9号は火星表面の約70％にあたる7600枚以上の画像を撮影し、火星の地形を詳しく知ることができました。ここまでの探査を通して、火星の表面にはローウェルが見たような運河などの人工物は発見されず、火星人がいるという説は否定されたのです。

そして、1975年には「バイキング1号」と「2号」が相次いで打ち上がります。この2機は周回機ではなく着陸機で、バイキング1号は火星に初めて降り立った探査機となりました。バイキングの2機は火星の大地に有機物や微生物が存在するかどうか調べましたが、２機とも、有機物も、微生物も、発見できませんでした。しかし、火星の大地は、荒涼としているものの、どことなく地球に似ている地形であると理解されるようになってきたのです。

地球にある現象が、火星にもみつかった

その後、しばらくの間、火星探査は失敗が重なり、停滞した時期が続きます。火星探査がまた盛り上がりを見せるようになったのは１９９０年代後半以降のこと。１９９６年11月に打ち上げられたアメリカの「マーズ・グローバル・サーベイヤー（ＭＧＳ）」が１９９７年９月に火星の周回軌道に投入され、２００６年11月まで９年間にわたる長期観測が続けられました。

さらに、２００４年には「マーズ・エクスプロレーション・ローバー計画」として火星に送られた２台の探査車（ローバー）、「スピリット」と「オポチュニティ」が火星の大地に着陸しました。２台の目的は、火星の表面で液体の水や生命の痕跡を探すことでした。２台のローバーは、クレーターの内壁を探査し、そこに堆積岩が存在することを発見しました。

堆積岩は、地球上では河川などで運ばれた土砂が海底に積み重なることでつくられるものです。つまり、堆積岩があるということは、火星にも過去に川や海があったといえるの

©Adobe Stock

です。また、液体の水がないとつくることのできない鉱物が発見されたことも、過去に液体の水があったことを示す証拠となっています。

火星に生命が期待される理由

2012年8月には、「マーズ・サイエンス・ラボラトリー計画」の探査車ローバー、キュリオシティが火星に到着しました。このローバーは2013年2月に火星の岩石を掘削調査することに成功したのです。火星の岩石を掘削したのは、人類にとって初めての経験でした。掘削した岩石の成分は、灰色の粘土と硫酸塩の鉱物であることが判明しました。

これらの成分は、酸性度の低い水の中でしかつくることができないことから、過去の火星に液体の水が存在したことを、さらに裏づけるものとなりました。酸性度の低い水は、生命にとっても生きやすい環境です。液体の水があった時代の火星に生命がいても不思議ではありません。

さらに、掘削した岩石の内側が灰色だったことは、生命の生存にとって有利に働くといいます。火星の岩石が赤い色をしているのは、含まれている鉄の成分が酸化しているからです。岩石の中まで酸化されるような状況では、有機物まで酸化され、生命が存在する可能性は低くなります。しかし、岩石の内部が酸化されていないことで、土壌に微生物が存在する可能性が高まりました。火星の探査がさらに進めば、生命発見の日が来るかもしれません。

マリナー9号。初めて地球以外の惑星軌道に乗った宇宙探査機。1972年10月に運用を停止した。©NASA

火星の探査車オポチュニティ。2004～2019年にわたり稼働したが、通信が途絶え運用終了。水の中で形成される鉱物「ヘマタイト」を発見するなどの功績がある。
©NASA/JPL/Cornell University

火星の探査車キュリオシティ。このローバーの愛称は「好奇心」という意味。
©NASA/JPL-Caltech/MSSS

かつて、火星は温暖で海があった⁉

水と大気の痕跡

現在の火星は、赤い大地が広がる荒涼な惑星です。液体の水に満ちた海や生命はどこにも見あたりません。しかし、これまでの火星探査の結果から過去に火星表面に液体の水が存在したことを示す証拠がいくつも発見され、誕生したばかりの火星は海に覆われ、温暖な惑星であることがわかってきました。

初期の火星には、二酸化炭素を中心とした大気が1気圧程度あったといいます。二酸化炭素は温室効果ガスの1つであることからもわかるように、大気として惑星を取りまくことで、惑星の表面を温めることになります。初期の火星は、この二酸化炭素の大気のおかげで、温暖で湿潤な環境がつくられていたと考えられています。もちろん、豊かな海もあったでしょう。そのような環境があったとすれば、生命が存在し

ていたとしても不思議ではありません。今の荒涼で生命感のない姿からは、到底想像はできませんが。

水と大気が消えた理由

火星は誕生から3億年以内に、温暖で湿潤な環境から、現在のような乾燥状態に劇的に変化した可能性があります。なぜ、火星の姿は大きく変わってしまったのでしょうか。その原因をつくったのは太陽だと考えられています。太陽からは熱や光と同時に、「太陽風」と呼ばれる電子や陽子といった電気を帯びたプラズマ粒子の風が放出されています。

地球の場合は、周囲に磁場がつくられているために太陽風が大気と直接ぶつかることはありません。でも、磁場がほとんどない火星では、太陽風が大気と直接ぶつかってしまいます。そのため、太陽風が火星の大気をはぎ取っているのではないかと考えられているのです。ただし、この考えは、まだ証拠があまりそろっておらず、仮説の段階です。

実は、２０１５年3月に、この説を支持する現象が観測されたのです。この時期に、太陽の表面でフレアと呼ばれる大

大気が無く、乾燥した現在の火星（右）と、水と大気に覆われた環境だったと考えられる初期の火星（左）。
©NASA's Goddard Space Flight Center

きな爆発現象が起こっていました。すると、アメリカの火星探査機「メイブン」によって、火星の大気が通常の量の10〜50倍程度も太陽と反対側へと流出していく様子がとらえられたのです。フレアによって放出された太陽風は通常よりもプラズマ粒子の密度が高く、速度も速いものでした。そのような太陽風が火星の大気に直撃することで、火星上空にできる電離層と強く作用し、削り取られたとみられています。

これまで火星から大気が流出する現象と太陽風は関係があると考えられていましたが、明確な証拠がありませんでした。しかし、メイブンの観測によって、火星の大気を奪った犯人は太陽風である可能性が高くなったのです。

現在、火星の大気圧は地球の100分の1ほどしかありません。火星を取り囲んでいた二酸化炭素の大気がほとんど失われた結果、火星の気候は大きく変化し、現在のような乾燥した大地になってしまったのです。太陽から放出された太陽風が火星大気の消失に大きく関わっていることは間違いありませんが、火星大気の消失については、まだ謎が残されています。

残されたいくつもの謎

大きな謎の1つは、気体の中でも重い二酸化炭素は地表近くにたまりやすいはずなのに、どうやって上空までもち上げられたのか、ということです。そのしくみがわかっていません。

そして、もう1つは、そもそも初期の火星がどのように温暖で湿潤な気候

火星探査機メイブン。火星に、地球とは違ったタイプのオーロラがあることも明らかにした。
©NASA's Goddard Space Flight Center

火星の大気が太陽風によってはぎとられるイメージ。
©NASA/GSFC

を実現したのかです。今から40億年ほど前の太陽は、現在よりも25％ほど暗かったと考えられています。ということは、太陽から届く光や熱の量も小さかったはずです。この状態でどうやって温暖な気候をつくり、保っていたのかが謎のままなのです。

これらの謎が明らかになれば、太古の火星の環境がよくわかり、生命が存在していたかどうかもはっきりとしてくるでしょう。火星から大気が消えた理由がわかれば、地球が大気を保っていられる理由もわかってきます。すると、生命がいる惑星が備えている条件もはっきりとするはずで、太陽系の外にある系外惑星での生命探査に役立つ情報が得られると期待されています。

繰り返し現れる火星の〝筋模様〟が何を語るか

季節によって現れる謎の筋模様

火星は太古の昔に海があった可能性が高くなりました。ということは、過去に生命が存在していた可能性も高いことになります。では、現在は生命が存在していないのでしょうか。これまでの探査では、生命の存在は確認されていません。だからといって、まったく可能性がないといってしまうのは早計です。

たくさんの探査機を使って火星を調べた結果、火星の地下には水が存在する証拠がいくつも得られるようになりました。２００５年に打ち上げられた周回機「マーズ・リコネッサンス・オービター（ＭＲＯ）」は、２０１５年９月に火星の南半球にあるクレーターの内壁で不思議な筋模様を発見したのです。

筋模様は気温がマイナス23℃より高くなる夏に現れ、夏の間は斜面の下に向かって伸びていきます。この筋は秋になると消えてしまうのですが、また夏が来ると再び筋模様が現れるのです。

そのため、この筋模様は「ＲＳＬ（Recurring Slope Lineae：繰り返し現れる斜面の筋模様）」と呼ばれています。

筋模様の謎が解明されたら、期待される発見

ＲＳＬはまるで水が流れたことでできた模様のように見えます。もしそうなら、現在の火星の表面には液体の水が存在することになります。ＲＳＬの現れ方からすると、火星の地下に氷があり、温度の高くなる夏に溶けて水が流れているのかもしれません。

ＭＲＯからＲＳＬを分析してみると、この部分には含水鉱物が含まれることもわかりました。この情報も合わせると、ますます火星に液体の水があるという情報の信憑性が増してきます。しかし、これらはどれも状況証拠にすぎ

ません。

確実に水があるというためには、より直接的な証拠が必要になります。今後の探査で液体の水が発見されれば、火星の地下に微生物がいる可能性が格段に高まることでしょう。

マーズ・リコネッサンス・オービター。2020 年で打ち上げから 15 年をむかえたが、これまで 700 万枚もの火星の姿を写真におさめている。©NASA/JPL-Caltech

マーズ・リコネッサンス・オービターがとらえた、火星クレーター内壁の筋模様（RSL）。火星の地下に氷や水があることを示す証拠とみられている。©NASA/JPL-Caltech/Univ. of Arizona

生命存在の3条件がそろう「ある天体」とは？

太陽系に地球のような惑星はないか

地球を例にして考えてみると、生命の存在には液体の水が重要であることがわかります。そのような環境がつくり出せるのは、岩石型の惑星だけのはずです。太陽系の中で該当するのは、水星、金星、地球、火星の4つだけ。水星は太陽に近すぎるために、昼は430℃、夜はマイナス180℃ほどになります。金星は濃厚で超高圧な二酸化炭素の大気が存在しているため、表面温度が500℃近くにまで達しています。どちらも過酷な環境であるため、生命が存在する可能性は低いと考えられています。

水星、金星に比べると火星は、生命の存在が期待できますが、まだ発見にはいたっていません。太陽系の中には、地球以外、生命が存在できないのでしょうか。実は、最近の探査結果から、生命の存在が期待される新たな天体が発見されるようになりました。

生命の存在が期待される、ある天体

その代表が、土星の衛星「エンケラドス」です。土星は太陽から14億3000万km も離れた場所を周回している惑星です。もちろん、ハビタブルゾーンからは外れているので、太陽からの

土星。衛星の数は63あるとされる（2009年現在）。
©NASA,ESA,A.Simon(Goddard Space Flight Center),M.H.Wong(University of California, Berkeley),and the OPAL Team

熱や光は地球と比べて、とても少なくなっています。エンケラドスは土星の周りを回る直径約500㎞の小さな天体。その表面は氷に覆われており、表面の平均温度はマイナス200℃ほどです。

このように、エンケラドスの置かれた状況を挙げてみると、とても生命がいそうには思えません。なぜ、この天体に生命の存在が期待されているのでしょうか。エンケラドスが注目されるようになったきっかけは、表面にできた何本もの亀裂です。この亀裂はトラの背中の模様に見えることから「タイガーストライプ」と呼ばれています。

2005年、土星探査機「カッシーニ」が、エンケラドスの亀裂の部分から何かが噴出している様子を画像に収

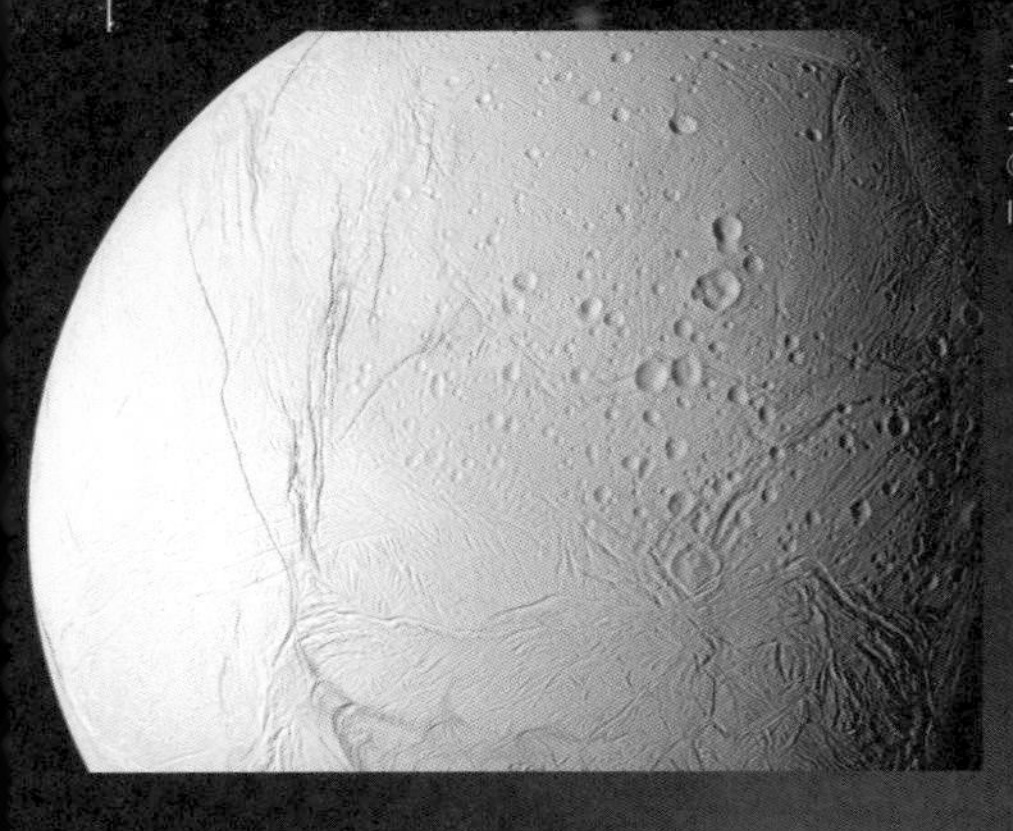

土星の衛星の1つエンケラドス。
土星衛星の中で６番目に大きい。
©NASA/JPL/Space Science Institute

エンケラドスの表面から氷が噴出する様子。
ここから噴出される氷は、土星のリングの一部になる。
©NASA/JPL/Space Science Institute

めました。調査の結果、タイガーストライプから噴出していたものは氷であることがわかりました。この発見から、エンケラドスの内部には液体の海があるのではないかと考えられるようになりました。カッシーニが観測したのは、亀裂から噴き出した海の水が凍ったものだったということです。

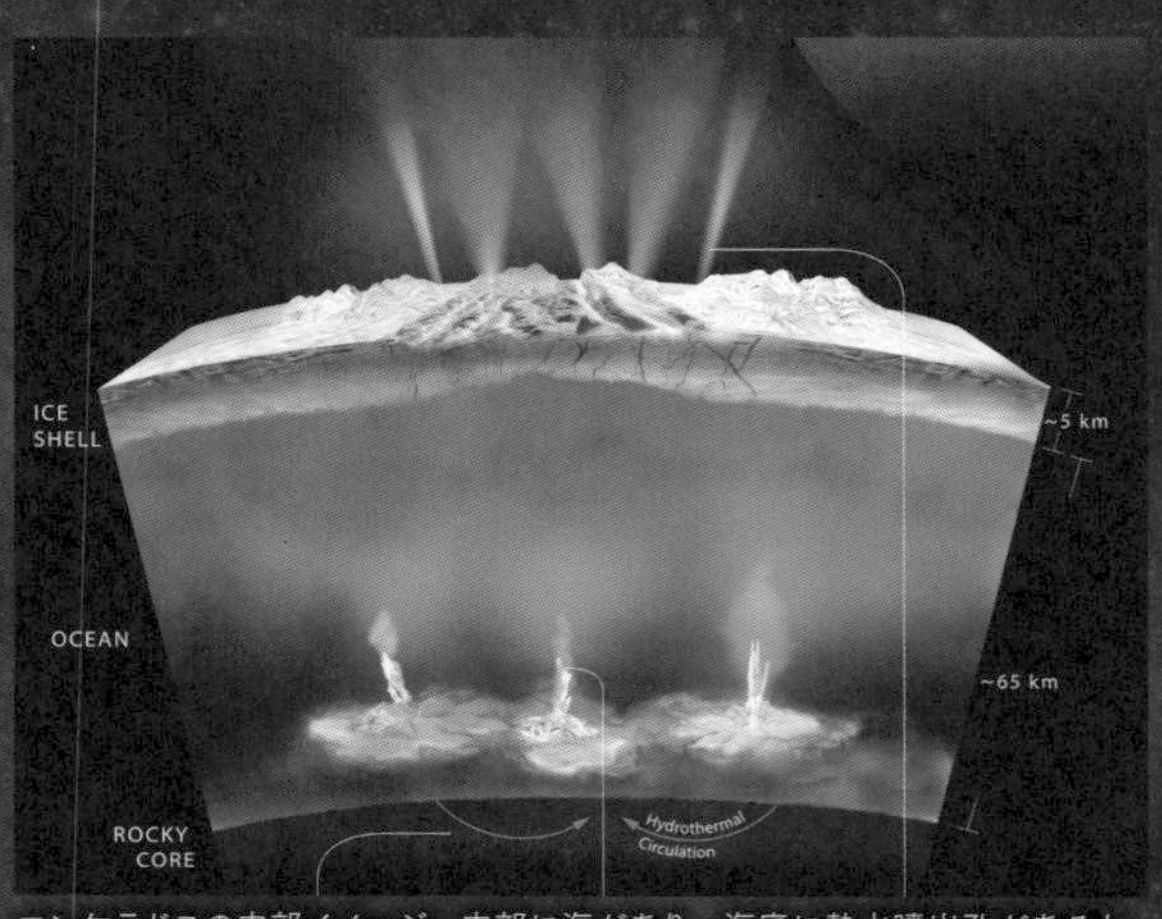

エンケラドスの内部イメージ。内部に海があり、海底に熱水噴出孔があると考えられている。内部で温められた水が表面の氷を突き破り、噴出すると同時に冷えて氷になる。©NASA/JPL-Caltech/Southwest Research Institute

しかも、噴出物を詳しく調べてみると、大きさ5～10nmほどの「ナノシリカ」と呼ばれる微小な「シリカ(二酸化ケイ素)」が含まれていました。地球で再現実験をしてみると、ナノシリカは90℃以上の熱水環境がないとつくれないことがわかってきました。もし、エンケラドスの内部がとても冷たくて、0℃に近い状態だったらナノシリカがつ

土星の衛星タイタン。タイタンにはメタンやエタンが湛えられる湖や海があると考えられている。©NASA/JPL/University of Arizona/University of Idaho

木星の4つの衛星。左が木星、右側の上からイオ、エウロパ、ガニメデ、カリスト。©NASA/JPL/DLR

くられることはありません。

ここからいえることは、冷たい氷の衛星だと思われていたエンケラドスの内部にはとても熱い熱水の海が存在する可能性が高いということです。なぜ、氷の衛星であるエンケラドスの内部に熱水の海があるのかは不明なままですが、エンケラドス内部の海底には、地球の深海底にあるような熱水噴出孔があるのかもしれません。

これまでの観測結果から、エンケラドスの噴出物の中には有機物も含まれていることも明らかになっています。地球以外で、生命の3要素である液体の水、有機物、エネルギーの存在が確認された天体はエンケラドスが初めてです。

生命が期待される、その他の天体

地球の熱水噴出孔には、そこから噴き出す化学物質を食べて生きている「化学合成細菌」などが生息し、独自の生態系をつくり出しています。エンケラドスの内部にも、地熱のようなエネルギーが存在し、熱水噴出孔やそこに集まる化学合成細菌などの生物が存在するかもしれないという期待が高まります。

エンケラドスのように内部に海があると期待されている天体は、太陽系の中にたくさん発見されるようになりました。木星の衛星エウロパ、ガニメデ、カリストと冥王星がそうです。また、土星の衛星タイタンにはメタンやエタンの海があると考えられています。現在、エウロパに探査機を送り、生命の存在を調べる「エウロパ・クリッパー計画」も検討されています。太陽系には地球以外の海に、未知の生命が存在している可能性があるのです。

木星の衛星エウロパへの探査が計画されている
探査機エウロパ・クリッパーのイメージ。
©NASA/JPL-Caltech

第3章

最新鋭の望遠鏡が見た〝第2の地球〟

天文学者が宇宙に〝必ず〟生命はいると断言する理由

惑星はいくつ発見されているか

地球外の知的生命（宇宙人）と聞くと、ＳＦ小説や映画を思い浮かべる人も多いでしょう。小説や映画にはたくさんの宇宙人が登場し、私たちを楽しませたり、魅了したりしてきました。19世紀や20世紀では、宇宙人はフィクションの中だけで語られるものでした。でも、21世紀に入って、宇宙人の存在を確かめることが本格的に科学研究の射程に入ってきました。

その鍵となるのが、系外惑星です。系外惑星とは、太陽以外の恒星の周りにある惑星のこと。系外惑星の存在が実際に確かめられたのは１９９５年なので、まだ30年も経っていません。しかし、２０２０年10月現在、発見された系外惑星の数は４３００個に迫っており、発見のスピードはすさまじいものがあります。発見された系外惑星の中には、地球に似た大きさの岩石惑星とみられる惑星もたくさんあります。

宇宙に惑星はいくつあるか

太陽系が所属する天の川

地球や太陽を含む銀河系。
©NASA/JPL-Caltech

銀河の集まり「銀河団」。ハッブル宇宙望遠鏡が、おとめ座の方向24億光年先をとらえた。
©NASA/Goddard Space Flight Center/Scientific Visualization Studio/ESA/L

銀河には2000億個ほどの恒星があると考えられています。そして、この宇宙には同じような銀河が1～2兆あるともいわれています。実際に計算するまでもなく、この宇宙にある恒星は、文字通り星の数ほどあることになるのです。

そして、これまでの観測結果から考えると、ほとんどの恒星の周りには惑星が存在します。ということは、惑星もこの宇宙の中に数え切れないほどあるといえます。

それほどたくさんある惑星の中には、地球のように生命の存在する惑星があってもおかしくありません。というよりも、この広い宇宙の中で地球にしか生命が存在しないと考えるほうが不自然です。このように考える天文学者はたくさんいます。だからこそ、地球外生命を探す研究が盛んに進められているのです。

生命の存在が確認されているのは、今のところ地球だけです。したがって、まずは、地球と似た環境をもつ「第2の地球」と呼べる惑星の発見が待たれています。

系外惑星の研究が進んでいけば、地球外生命が存在する確かな証拠をつかめる日も来るでしょう。

系外惑星が初めて発見されたのは、つい最近？

初めて発見された系外惑星

系外惑星探しは、実は1940年から始められていました。しかし、なかなか発見されませんでした。50年以上探しても発見されなかったことから、1990年代前半には、「系外惑星なんて存在しないのではないか」という懐疑論まで出たほどです。

そのような状況だった1995年、スイスの天文学者ミシェル・マイヨールとディディエ・ケローの2人が、地球から約51光年離れた場所にある恒星、ペガスス座51番星の周囲を回る惑星であるペガスス座51番星bを発見しました。これが、人類が初めて発見した系外惑星でした。

系外惑星は自ら光を出すことがなく、主星となる恒星と比べるととても小さいものです。しかも、その近くにはとても強い光を放出する恒星が存在するので、非常に見つけにくいものです。では、マイヨールとケローの2人はどのようにしてペガスス座51番星bを見つけたのでしょうか。実は、2人は系外惑星を直接見たわけではありません。2人が観測したのは惑星が周回している恒星の光です。詳しい説明をする前に、系外惑星と恒星の関係をおさらいしておきましょう。

惑星が恒星の周りを回っているのは、恒星の強い重力に惑星が引き寄せられているからです。恒星の重力が弱ければ、惑星はその重力を振り切って、広い宇宙空間の中をさまようことになります。ただし、恒星と惑星の関係は、恒星が一方的に惑星を引き寄せているというものではありません。実は、惑星も自身の重力によって恒星を引き寄せているのです。系外惑星をもつ恒星をじっくりと観測していると、惑星の重力によって微妙にその位置が変化し、ふらついていることがわかります。

マイヨールとケローは、恒星の光を詳しく観測することで、系外惑星の影響によって発生する恒星の微妙なふらつきを観測したのです。地球から恒星を観測すると、地球から遠ざかろうとするときは、光が赤っぽく変化し、近づこうとするときは青っぽく変化します。これは「光のドップラー効果」と呼ばれています。

つまり、光を観測したときに、ドップラー効果によって、周期的に赤っぽくなったり、青っぽくなったりする恒星を発見し、その光を精密に分析することで、その恒星の周りに系外惑星が存在することがわかるのです。このように、ドップラー効果によって系外惑星を探す方法をドップラー法といいます。マイヨールとケローの２人は、このドップラー法を利用して、系外惑星ペガスス座51番星ｂを発見したのです。

ペガスス座の方向にある
太陽系外惑星ペガスス座 51 番星（右）と
ペガスス座 51 番星ｂ（左）。
©ESO/M. Kornmesser/Nick Risinger (skysurvey.org)

2人がペガスス座51番星bを発見する前にも、ドップラー法をはじめとして、いろいろな方法で、系外惑星が探されていましたが、実際に発見することはできませんでした。系外惑星を発見した2人と何が違ったのでしょうか。後から考えると、太陽系の惑星の常識にとらわれすぎていたからです。

常識外れのペガスス座51番星b

太陽系の惑星は、太陽に一番近い水星でも太陽の周りを1周するのに88日かかります。最も外側を回る海王星の場合は、1周で約165年と、とても長い期間を要します。つまり、太陽系の惑星だけで考えると、惑星は短くても100日くらいの公転周期でゆっくりと恒星の周りを回っていることになります。

しかし、マイヨールとケローが発見したペガスス座51番星bは、4日ほどで恒星の周りを1周していました。太陽系の惑星の常識にとらわれてしまうと、4日で公転する系外惑星の存在をとらえても、ノイズだと思いこんでしまい切り捨ててしまいます。マイヨールとケローが発表する前にも、同じような系外惑星の存在を示す光の変化が観測されていたかもしれません。しかし、ほとんどの人は、それが本当に系外惑星によるものだとは思わずに、除外してきたのです。これが50年間観測し続けても、系外惑星が一向に発見されなかった理由です。

マイヨールとケローの発見したペガスス座51番星bは、公転周期以外にも

系外惑星が地球に近いときは恒星の光が青っぽく変化し、遠いときは恒星の光が赤っぽく変化する。ドップラー法はこの光の変化をとらえ、系外惑星を探す

太陽系の惑星の基準から見ると驚くべき特徴がありました。この惑星は、地球の約149倍もの質量をもつ巨大なものだったのです。しかも、この巨大な惑星が主星となる恒星から約780万kmの距離で公転していました。この距離は、太陽と地球の距離の20分の1程度しかありません。木星のような巨大な惑星が恒星のすぐ近くにあることから、このような特徴をもつ系外惑星は「ホットジュピター」と呼ばれています。恒星からの熱を受けて、灼熱の惑星であることが予想されるからです。

このように、ペガスス座51番星bは、太陽系の惑星の常識から大きく外れている惑星でした。そのため、多くの天文学者たちから「間違いではないか」という声が上がりました。しかし、アメリカの天文学者ジェフリー・マーシーがすぐに観測し、その存在が確認されたため、世界初の系外惑星であると認められたのです。

この発見によって、たくさんの天文学者がこれまでの観測データを見直したり、新たな観測に取り組んだりして、新しい系外惑星が次々と発見されるようになりました。そして、ペガスス座51番星bの発見から10年も経たないうちに系外惑星の発見数は100を超えました。ペガスス座51番星bを発見したマイヨールとケローは、この宇宙に系外惑星が存在することを初めて証明したばかりではなく、系外惑星探査の世界を切り開きました。この功績によって、2人は2019年にノーベル物理学賞を受賞したのです。

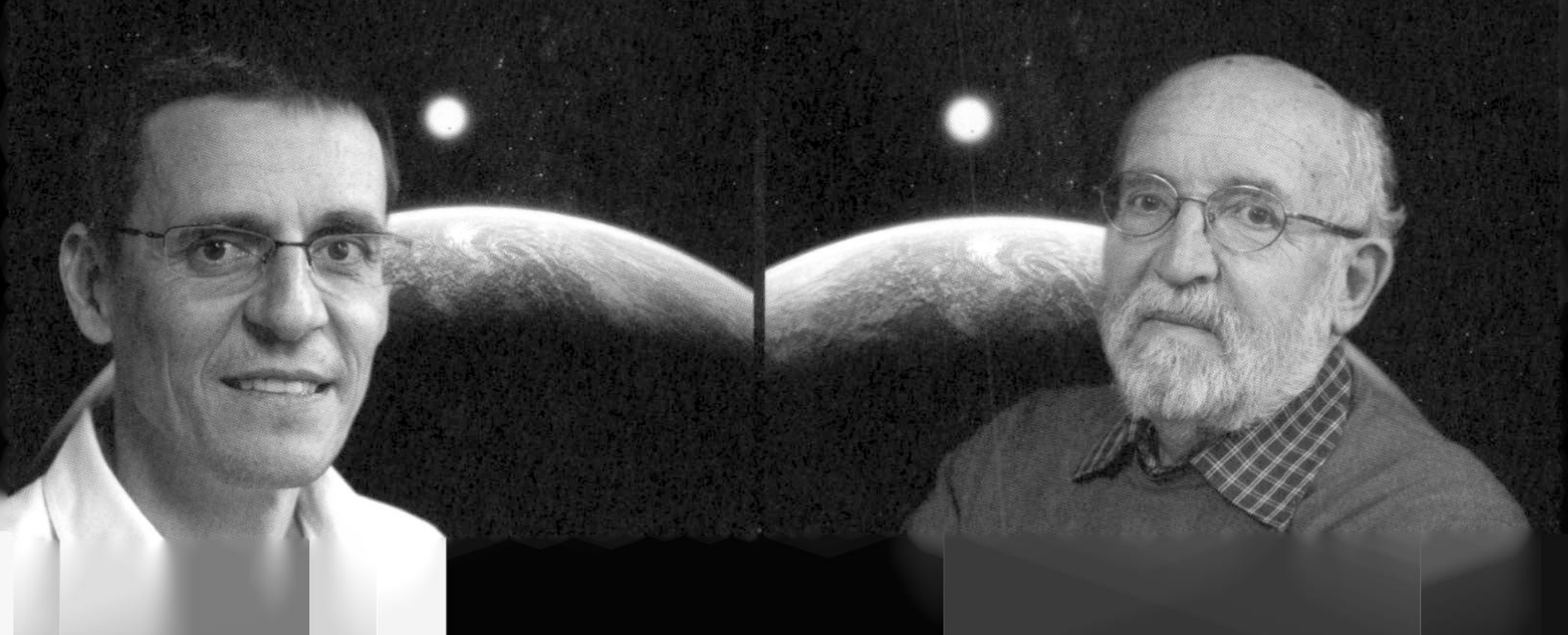

系外惑星探査に革命を起こした「宇宙に浮かぶ望遠鏡」

小さくて高性能の望遠鏡

系外惑星の発見数は、2020年10月現在で4300個に迫ります。これほどたくさんの系外惑星が発見されるようになったのは、それだけ系外惑星を発見する技術が上がったからです。

その中でも、画期的だったのが、2009年に打ち上げられたアメリカの系外惑星探査機ケプラーです。ケプラーは探査機とはいうものの、実際は系外惑星を探すことに特化した宇宙望遠鏡です。

ケプラーの主鏡は、口径が1・4mとあまり大きくはありませんが、宇宙には天体観測の邪魔になる大気がありません。そのため、地上の望遠鏡よりも高い精度で系外惑星を探すことができます。前ページで紹介したマイヨールとケローはドップラー法で系外惑星を探しましたが、ケプラーの場合は「トランジット法」で探します。

地球から恒星を観測したとき、惑星が主星となる恒星の前を通過すると、恒星からの光が惑星に遮られて、少しだけ暗くなります。トランジット法は、恒星の微妙な明るさの変化を観測することで、系外惑星を探す方法です。

ドップラー法では、恒星からの光が周期的に赤っぽくなったり、青っぽくなったりするのを分光器というものを使って分析しなければいけません。しかし、トランジット法は恒星の明るさの変化だけを観測すればいいので装置が単純で、簡単にできるという利点があります。

ケプラーが記録した膨大なデータ

ケプラーは、たくさんの恒星を一定の間隔で観測し、そのデータを地上に送ります。地上では、そのデータを分析して、それぞれの恒星の明るさが変化するタイミングや周期を割り出し、系外惑星を探します。ケプラーは順調に観測を続け、2013年には250

探査機ケプラーと天の川。不透明のラインはケプラーの観測する方向で、十字ようなシルエットは、ケプラーの観測範囲を表している。
©NASA Ames/JPL-Caltech/T Pyle

0個以上の系外惑星の候補天体を発見しました。ところがケプラーは姿勢を制御する大切な装置が故障してしまい、観測終了の危機に追いこまれてしまい

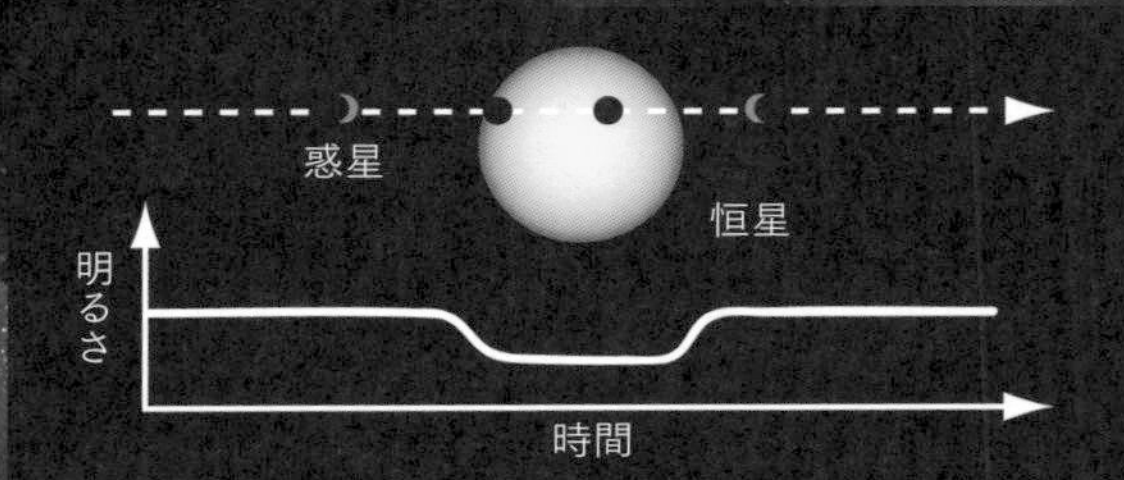

トランジット法は、恒星の光の量が減少する周期や度合いを観測し、系外惑星を見つけていく。
©NASA Ames一部改編

ました。
しかし、姿勢をうまく保つ方法がすぐに提案されたことで、ケプラーの探査は2014年8月から再開されました。ケプラーによる観測は2018年10月まで続けられ、合計で50万個以上の恒星を観測しました。ケプラーが発見した系外惑星は2600個以上。その数は、現在発見されている数の半分以上にあたります。

ケプラーが送ってきた観測データは膨大で、すべて解析されたわけではありません。トランジット法では系外惑星を探すために、同じ恒星の画像を何枚も比較し、その光の量の変化をとらえる必要があります。この光の変化はとても微妙で解析には時間がかかるのです。

そこで、短時間でたくさんのデータを解析するために、人工知能（AI）技術の1つである機械学習の活用が研究されています。AIにこれまでの解析結果を学習させることで、系外惑星が存在する恒星のデータを自動的に選び出そうとしているのです。この試みがうまくいけば、膨大なデータの中に埋もれていた系外惑星を短時間で見つけ出すことができるようになり、よりたくさんの系外惑星が発見されることでしょう。

系外惑星が発見されたことにより、太陽系の惑星にはない特徴を持つ惑星があることが明らかになりました。系外惑星の情報が増えていけば、惑星がつくられる過程や惑星の一生など、これまでよくわからなかったことがわかってきます。これらの知識が蓄積されることで、太陽系の惑星がつくられた過程が、よりはっきりとしてくることでしょう。

ケプラーでみつけた惑星と、金星、地球との比較。
©NASA/Ames/JPL-Caltech

最新の探査機「TESS」がとらえた地球に似た惑星

ケプラーがとらえた地球に似た星

ケプラーの観測結果を見ても、この宇宙にあるほとんどの恒星の周りには系外惑星があると考えてよさそうです。系外惑星が初めて発見されてからしばらくは、大きくて主星に近いホットジュピターがたくさん発見されていましたが、最近は地球に似た小さな岩石惑星も数多く発見されています。

その1つが、2014年に発見された系外惑星「ケプラー186f」です。この惑星は、地球から492光年ほど離れた場所にある恒星「ケプラー186」の周囲を回っています。直径が地球の1・1倍と地球にとても近いサイズの惑星です。

ケプラー186fと主星であるケプラー186の距離は、地球と太陽の距離の半分以下しかありません。ケプラー186が太陽と同じような恒星だったら、生命がいる可能性はないでしょう。しかし、ケプラー186は太陽よりも小さくて、光の弱い「赤色矮星」に分類される星です。そのため、ケプラー186fは、表面に液体の水が存在できるハビタブルゾーンに入っていたのです。

地球によく似た大きさで、ハビタブルゾーンに入る系外惑星が発見されたのは、これが初めてのことでした。地球のような岩石惑星で、液体の水も存在するかもしれないということになれば、当然、そこには生命の存在が期待されます。しかし、ケプラー186fに海があることや生命が存在することを直接確かめる術はありません。地球からの距離が遠すぎるために、どんなに観測しても、惑星の質量や大気があるかどうかといった、惑星の詳しい情報を得ることはできないのです。

ケプラーの後継機の正体

そこで、天文学者たちは、地球により近い場所での系外惑星探しに力を入

れています。ケプラーの後継機として、２０１８年４月に打ち上げられた新しい系外惑星探査衛星ＴＥＳＳは、ケプラーよりも地球に近い場所にある系外惑星を探すことを目的にしています。

太陽系の属する天の川銀河には、２０００億個もの恒星が存在すると考えられていますが、太陽の周辺には、太陽のような恒星はあまり存在しません。太陽から20光年以内の恒星の種類を調べてみると、そのほとんどが太陽よりも暗い恒星「赤色矮星」です。そこで、地球の近くにある赤色矮星の周囲にある系外惑星を探そうとしています。実は、ＴＥＳＳが狙っているのも赤色矮星の周りにある系外惑星の観測で、２０２０年９月24日現在、70個以上の系外惑星を発見しています。

遠方の恒星を周回するケプラー 186f。ハビタブルゾーンに入っており、サイズも地球と同程度とみられ、「第２の地球」と考えられている。
©NASA/Ames/SETI Institute/JPL-Caltech

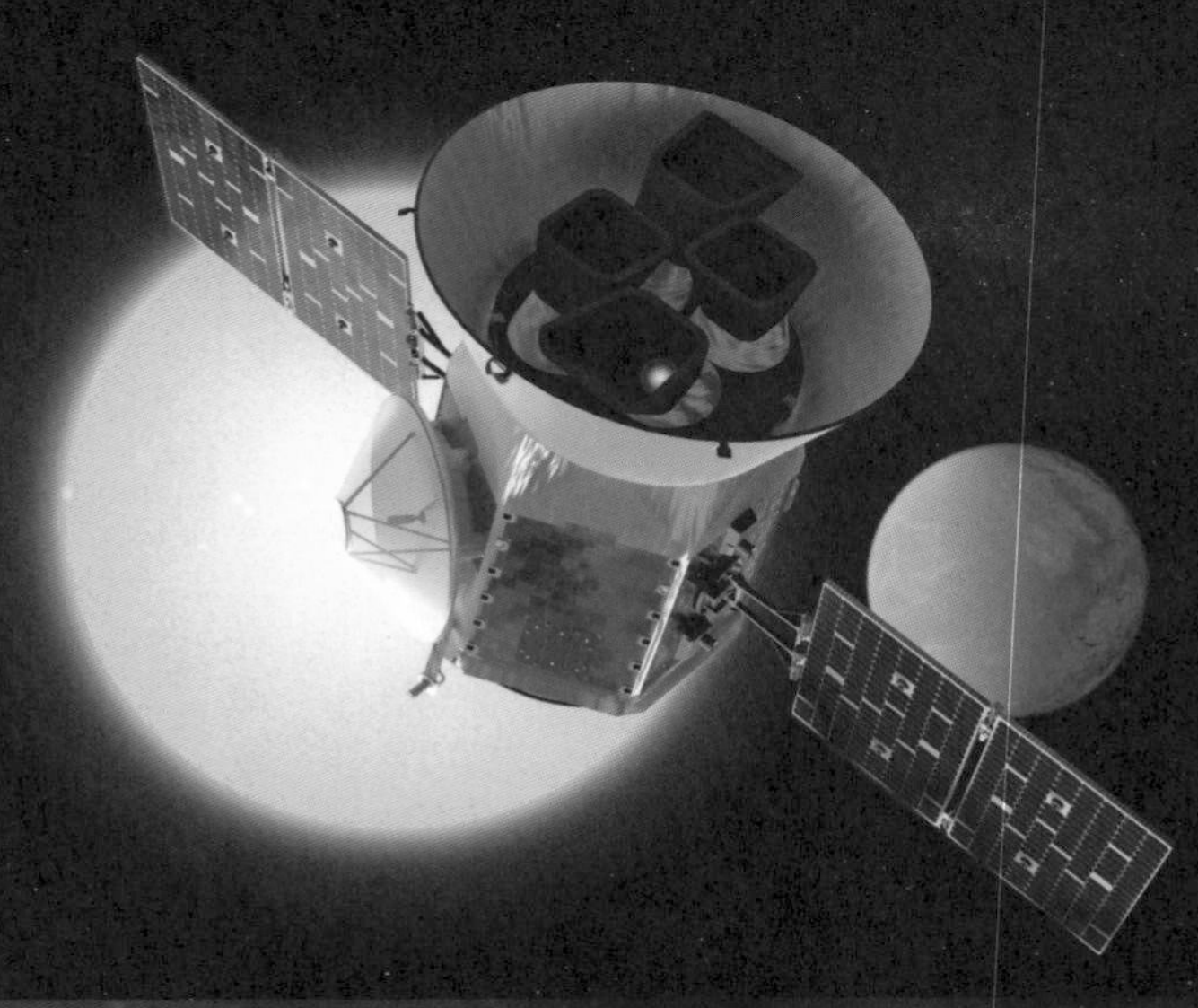

探査衛星 TESS。©NASA's Goddard Space Flight Center

赤色矮星なので、その周りにある系外惑星に生命が本当にいるのだろうかと思う人もいるでしょう。これまでの観測結果を見ると、赤色矮星の周りにも生命の存在が期待できそうな系外惑星が発見されています。

例えば、地球から124光年離れた場所にある赤色矮星K2―18の周りを回る系外惑星K2―18ｂの大気に水蒸気が含まれていることが確認されています。K2―18ｂは地球の2倍程度の大きさの惑星ですが、ハビタブルゾーンの範囲に位置しているため、表面に海がある可能性がとても高いのです。

より地球に近い場所に地球サイズの系外惑星が発見されれば、詳しい観測から、生命が存在する証拠をつかむことができるはずです。

赤色矮星の周囲を回る系外惑星に暮らす生命は、地球生命と同じとは限りません。地球とはまったく違う生命が発見されたら、生命の定義が大きく変わるのはもちろんですが、地球生命との違いを比べたり、共通点を探したりすることで、生命の本質がよくわかることでしょう。何よりも、この宇宙で地球以外に生命がいるというはっきりとした証拠を得ることができれば、私たち地球生命が、この宇宙の中で孤独な存在ではないことがよりはっきりとします。

第4章

宇宙の最前線！ここまで進んだ〝移住計画〟

人類の初宇宙進出から、月到達までの衝撃の年数

初めて宇宙に行った日

人類が地球上に姿を現したのは、約700万年前といわれています。現生人類であるホモ・サピエンスが登場したのは20万年ほど前。アフリカで誕生したといわれている人類は長い歴史の中で、地球全体にまで広がり、地球を代表する生物になりました。

その人類の活動が宇宙にまで届いたのは1957年になってからです。ソビエト連邦（ソ連、現在のロシア）が世界で初めて人工衛星「スプートニク1号」の打ち上げに成功し、宇宙時代の幕が切って落とされました。

そして、1961年にはソ連がユーリ・ガガーリンを乗せた「ボストーク1号」の打ち上げに成功。1時間50分ほどではありましたが、ガガーリンは人類で初めて宇宙飛行を経験し、地球に戻ってきました。

これ以降、宇宙開発は着々と進んでいます。しかし、人類の歴史と比べると、宇宙と直接関わるようになったのはごく最近のことです。当時は、アメリカとソ連が冷戦状態だったこともあり、両国は自国の威信を示すために宇宙開発競争が進められました。スプートニク1号やボストーク1号の成功からもわかるように、初期の宇宙開発は

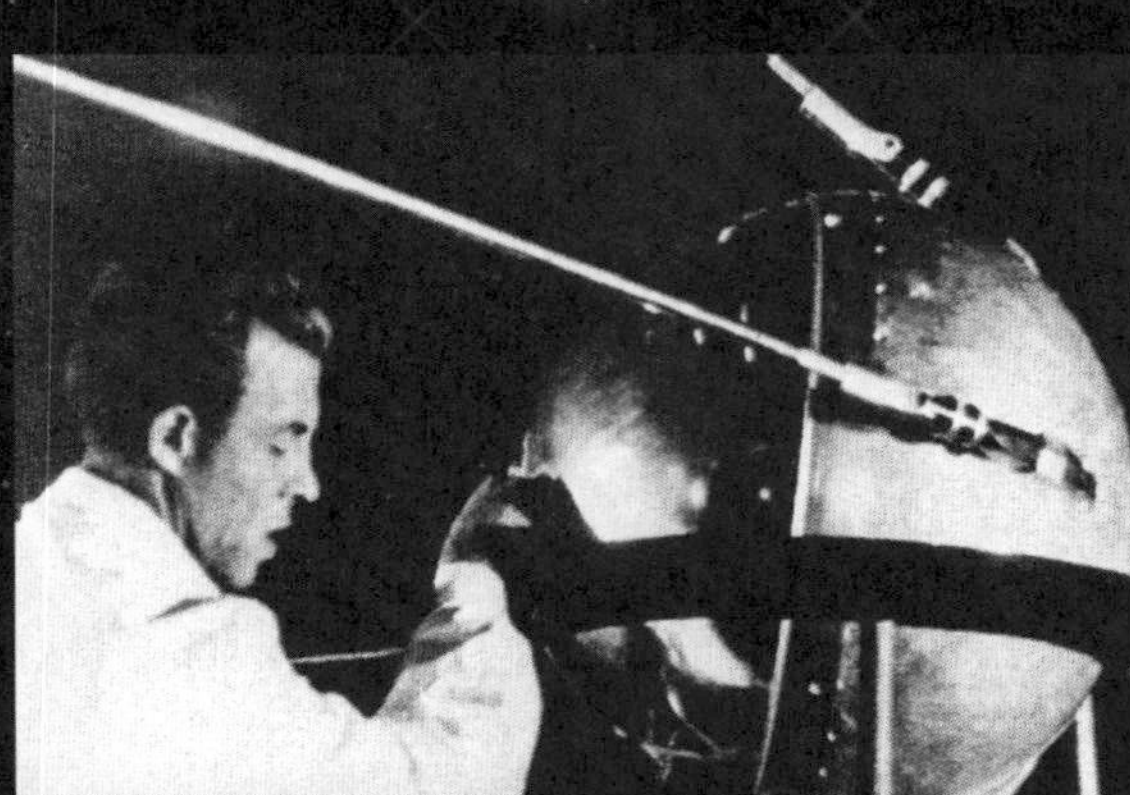

技術者がスプートニク1号を調整している様子。
©NASA/Asif A. Siddiqi

ボストーク1号の複製。
©iStock/Jacob Stock

ソ連がリードしていました。その状況を打破しようと掲げられたのが「アポロ計画」だったのです。

まっすぐは進まなかったアポロ計画

当時のアメリカ大統領のジョン・F・ケネディは1961年5月に、「今後10年以内に人類を月に送る」と宣言しました。この宣言を聞いた人たちは、この挑戦がとても無謀なものと思ったことでしょう。1959年にソ連の月探査機「ルナ2号」と「3号」が相次いで月に到達したものの、人が往復できる場所だとは考えられていなかったからです。

そこで、アメリカ航空宇宙局（NASA）は、アポロ計画の前に「ジェミニ計画」を実施しました。船外活動、2つの宇宙船のランデブー（接近）やドッキング（合体）などの実験をおこないアポロ計画で必要になる技術を獲得していったのです。

ジェミニ計画が終了すると、いよいよアポロ計画が始まります。その矢先の1967年1月、大きな悲劇が起こ

ガガーリン。1961年、バイコヌール宇宙基地にある発射場に向かうバス内の様子。©SPUTNIK /amanaimages

ってしまいました。アポロ計画の最初の飛行を予定していた3人の宇宙飛行士が、実際に打ち上げられる司令船を使って訓練をしているさなかに火災事故で亡くなってしまったのです。

この事故は、アポロ計画の出端をくじき、暗い影を落としてしまいました。NASAはこの司令船をアポロ1号と呼ぶことに決めました。続く2号、3号は欠番として、事故の原因究明と安全性の強化を優先して、計画を立て直すことになったのです。

その結果、事故から10か月後の1967年11月に無人の4号を打ち上げるところまでこぎ着けました。この打ち上げを無事に成功させ、さらに5号、6号を無人の状態で打ち上げ、実績を重ねていきました。1968年10月には、3人の宇宙飛行士を乗せたアポロ7号が打ち上げられました。

月に残した、人類の足跡

アポロ7号は地球の周りを11日間飛行して帰ってきましたが、8号では有人で月周回飛行を成功させました。続く9号と10号では月着陸船による飛行と司令船へのドッキング実験などをおこない、月面着陸への準備を整えていったのです。

そして、1969年7月。アポロ11号に搭乗したニール・アームストロングとエドウィン（バズ）・オルドリンの2人が、月面着陸に成功し、初めて人類が月に降り立ちました。

ケネディが宣言してから約8年で、アメリカは世界が驚く偉業をやってのけたのです。この模様は衛星テレビによって世界40か国以上に同時中継され、日本でもテレビの前でたくさんの人たちが見守ることとなりました。

人類初の月面着陸は、テレビで中継された効果もあり、当時、たくさんの人たちに衝撃を与えました。人々はこれからやってくるであろう宇宙の時代に大きな期待感を抱いたのです。

アポロ８号がとらえた、月から撮影した地球。
©NASA

1969 年 7 月 20 日に撮影された、
月面を踏みしめる宇宙飛行士の足。
©NASA

アポロ 11 号船長、ニール・アームストロング。
©NASA

これは１人の人間にとっては
小さな一歩だが、
人類にとっては偉大な飛躍である

アメリカの宇宙飛行士ニール・アームストロング（1930〜2012年）

アームストロングが撮影した、月面に立つオルドリン。©NASA

アポロ計画のその次

アポロ11号で人類初の月面着陸に成功した後も、アポロ計画は1972年に打ち上げられた17号まで続くことになります。その間、トラブルにより着陸できなかった13号を除き、6機が月面着陸を成功させ、合計12名の宇宙飛行士が月面に降り立ちました。そして、合わせて400kgほどの月の石が地球に持ち帰られたのです。アポロ計画は20号の打ち上げまで予定されていましたが、ケネディが掲げた「人類を月面に送る」という目標を達成してしまうと、国民からの関心が次第になくなります。「税金の無駄づかい」という批判が寄せられるようになってしまい、結局、17号で打ち切られました。

アポロの次に開発されたのが再使用型宇宙往還機の「スペースシャトル」です。スペースシャトルは、地球と宇宙を往復する初の往還機で、一度の飛行で機体を使い捨てるのではなく、何度も再使用することで、有人宇宙飛行の低コスト化を目指しました。

次代の宇宙船の課題

スペースシャトルは1981年4月に1回目のフライトを成功させ、新しい時代の宇宙開発が始まったことを感じさせました。アポロまでの宇宙船は船内のスペースがあまり広くありませんでしたが、往還機であるスペースシャトルは定員が7人となり、宇宙に持って行ける荷物の容量も増えました。そのおかげで、宇宙で実施できる実験の幅が大きく広がったのです。

ただし、スペースシャトルの運用は順風満帆だったわけではありません。1986年にチャレンジャー号の爆発事故、2003年にコロンビア号の空中分解事故が起き、尊い命が犠牲になりました。しかも、再使用型の宇宙船は低コストではできないことがわかってきました。長期間にわたり安全性を

スペースシャトル「ディスカバリー号」の打ち上げ。

維持するためのメンテナンス費用が発生するので、使い捨ての宇宙船よりも費用がかかるものだったのです。その影響もあり、スペースシャトルは２０１１年７月に引退することになりました。

宇宙開発が、世界中に開かれたきっかけ

１９８０年代は、まだアメリカとソ連の宇宙開発競争が続いている時期でした。ソ連はアメリカのアポロ計画に対抗し、有人宇宙船「ソユーズ」を開発。１９６７年４月にウラジーミル・コマロフ宇宙飛行士が搭乗したソユーズ１号は打ち上げに成功したものの、飛行中に宇宙船の制御ができなくなってしまいました。予定を変更して、帰還するために大気圏へ突入したのですが、パラシュートが開かずに、コマロフ宇宙飛行士は死亡してしまったのです。

その後、ソユーズは11号で宇宙ステーションの「サリュート１号」とのドッキングに成功し、３人の宇宙飛行士がソユーズからサリュートに乗り移って23日間滞在しました。ただし、地球帰還のときにソユーズ11号内の空気が失われ、搭乗した宇宙飛行士全員が死亡しました。これらの犠牲がありながらも、ソ連は宇宙開発を着々と進めていき、ソユーズは１９８１年５月の40号まで打ち上げられました。その後、ソユーズは改良を重ねられ、現在でも現役で宇宙飛行士を宇宙に送っています。

スペースシャトルの登場によって、

ケネディー宇宙センターに展示されているスペースシャトル「アトランティス」。
©Robert Hoetink / Alamy/amanaimages

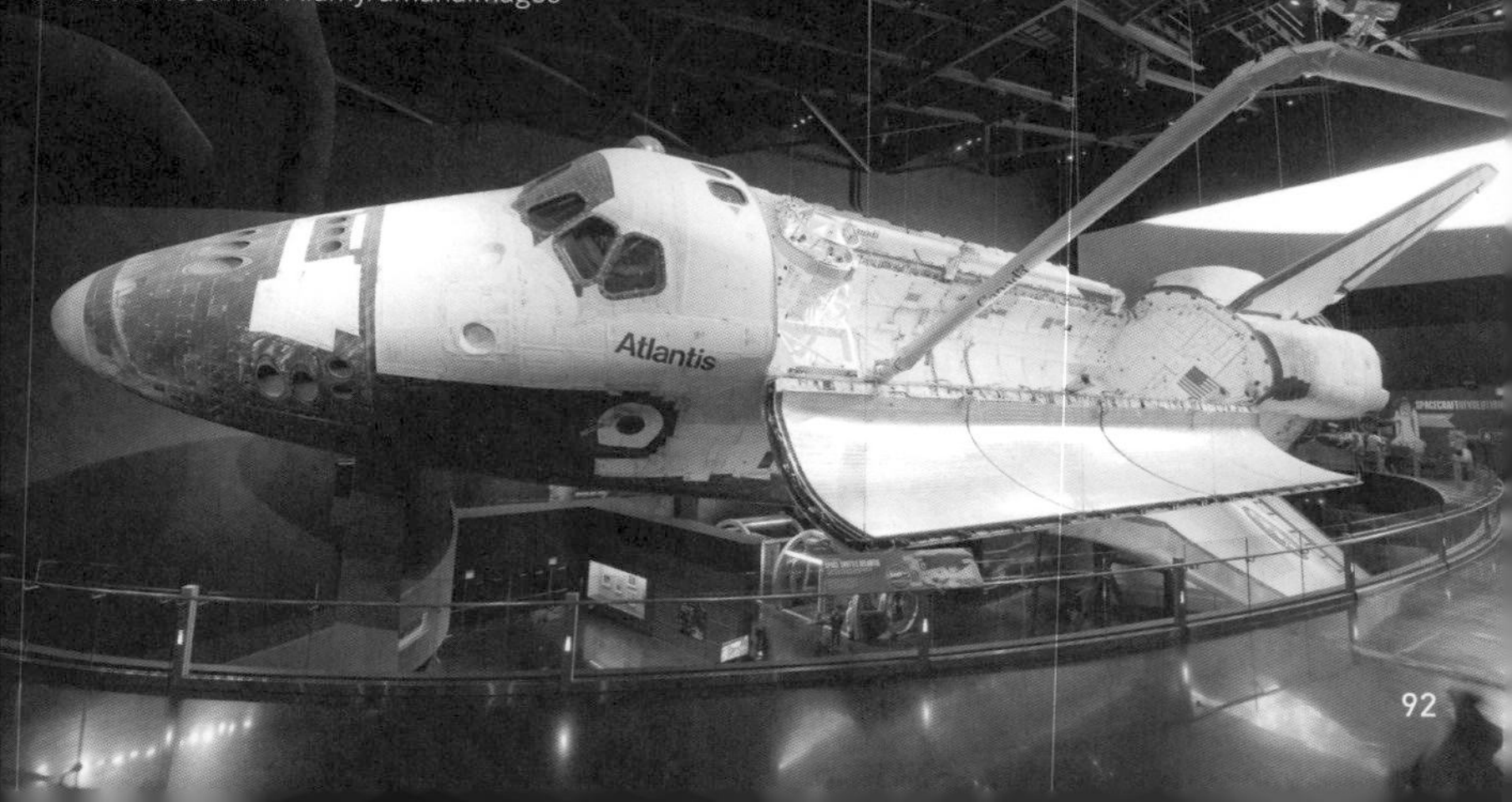

2018 年、ソユーズ MS-09 ロケットの発射の様子。
©UPI/amanaimages

宇宙開発は大きく変わりました。船内スペースが広くなり、登場人員が増えたスペースシャトルは、そのメリットを活かし、他国の宇宙飛行士を同乗させるための道を開きました。

この当時、有人宇宙飛行技術を確立していたのはアメリカとソ連だけでした。アメリカは他の国々に有人宇宙飛行の門戸を解放することによって、国際的なリーダーシップを確立し、同時に資金協力も得ようとしたのです。アメリカの思惑がどうであろうと、国際協力によって有人宇宙開発に参加できる道が開けたことは、日本をはじめ、多くの国にとって歓迎すべきことでした。

実際、日本はこの流れによって、日本人宇宙飛行士の募集を始め、現在までに10人以上の宇宙飛行士を宇宙に送り出しています。同じ日本人が宇宙に行くことで、日本人にとって宇宙がとても身近なものになり、将来、宇宙に行きたいとより現実的に思う人も多くなったことでしょう。

世界の英知を結集してできた、〝宇宙に住む場所〟

宇宙は、開発競争から、開発協力へ

１９８０年代には、現在につながる大きな提案がされていました。アメリカによる「宇宙ステーション計画」です。この提案は、当時、ソ連が進めていた宇宙ステーション計画に対抗するためのもので、アメリカはスペースシャトルでの国際協力を足がかりに、西側諸国と協力して宇宙ステーションを建設しようとしていました。しかし、この計画はスペースシャトル・チャレンジャー号の事故、ソ連の崩壊とロシアの誕生、アメリカの財政難など、予想外の出来事が相次ぎ、変更を余儀な

くされました。

最終的には、長年にわたって宇宙開発を競い合ってきたアメリカとロシアが手を握り、「国際宇宙ステーション（ＩＳＳ）計画」となりました。ＩＳＳの建設が始まったのは、１９９８年11月のことです。基本機能モジュールのザーリャを皮切りに、アメリカ、ロシア、ヨーロッパ、日本、カナダなどが開発したユニットやパーツを順番に打ち上げて、宇宙で組み立てていきました。その数は50回以上。10年以上の歳月をかけて２０１１年７月に完成しました。

宇宙につくった家

ＩＳＳは発電用の太陽光パネルを合わせて縦７２・８ｍ、横１０８・５ｍ

2011年5月29日のISS。スペースシャトル「エンデバー」から撮影。
©NASA

と、サッカーコートとほぼ同じ大きさの巨大な施設です。そのような大きなものが地球の上空400km付近を飛行しています。飛行速度は秒速7・7kmもの速さで、地球を約90分で1周します。ISSの中からは、90分に一度、日の出が見られます。

宇宙空間は、地上と違い空気がほとんどないため、人間が滞在するには酸素などを補給したり、気圧を保ったりするしくみが必要です。ISSの内部には地球と同じ比率の空気が再現され、船内の気圧も約1気圧に保たれているので、大がかりな宇宙服を着ることなく、地上と同じように過ごすことができます。また、気温は21〜25℃、湿度は40〜60％に調整されているので、もしかしたら地上よりも過ごしやすいかもしれません。ただし、室内環境は、アメリカやロシアの人たちの感覚で調整されることが多いため、日本人宇宙飛行士にとっては少し肌寒く感じることがあるようです。

今、地球の人口は80億人に迫る勢いで増加しています。その中で、常に宇宙に滞在している人たちは6人程度。数だけを比べれば絶対的に少ない。多くの人たちにとって宇宙はまだまだ遠いと感じるかもしれません。でも、数は少なくとも、私たちの代表が宇宙での滞在を積み重ねることで、将来、私たちも宇宙に行けるようになるかもしれないという希望がもてます。

実際、ISSに滞在している宇宙飛行士たちの体にどのような変化があるのかを調べることも大切な宇宙実験の

ISSの休憩中にお菓子を食べるNASAの宇宙飛行士スコットケリー（右）とロシアの宇宙飛行士シュカプレロフ。
©NASA

船外活動（EVA）中に自撮り撮影した宇宙飛行士のヘルメットに青い地球が映っている。©NASA

1つと位置づけられています。様々な実験を通して、宇宙に長期間滞在することで、人間は足腰を中心に筋力が衰え、骨がもろくなることがわかってきました。そのため、現在、ＩＳＳに滞在する宇宙飛行士たちは毎日2時間程度の運動が義務づけられ、足腰の衰えを防いでいます。

その他にも、ＩＳＳではマウスなどを使い、重力がとても小さな場所での生活が生物の体にどのような影響を与えるのかも調べられています。このような知識が蓄えられることで、宇宙での生活にどんなリスクがあるのかが明確になります。同時に、そのリスクを軽減するための対処法も開発されることでしょう。

宇宙生活でのリスクが取り除かれていけば、将来、よりたくさんの人たちが宇宙に行ったり、生活したりする道も拓けてきます。ＩＳＳでは、そのような未来をつくるための実験もおこなわれているのです。

宇宙開発が民間企業に開かれて、何が変わるか

ついに、宇宙開発は民間企業に！

　これまで宇宙開発は国の機関が主導しておこなわれてきましたが、最近は、民間企業が宇宙開発に参入し、この構図が大きく変わろうとしています。宇宙開発に関わる民間企業の代表的な存在がアメリカの「スペースX」です。スペースXは無人補給船「ドラゴン」を開発し、2012年10月に民間企業で初めて国際宇宙ステーション（ISS）とのドッキングに成功。ドラゴンはISSの重要な補給経路の1つとなりました。

　スペースXは、無人補給船ドラゴンの経験を活かし、有人宇宙船「クルードラゴン」の開発にも取り組みました。そして、2020年5月に2人の宇宙飛行士を乗せた試験機（デモ2）の打ち上げに成功しました。2人は18時間ほどで無事にISSに到着し、8月まで滞在しました。8月に入ると2人の宇宙飛行士を乗せたクルードラゴンデモ2はISSを離れ、地球に帰還。大気圏に再突入し、アメリカ・フロリダ州沖の海上に着水し、無事に帰還しました。

　2011年にスペースシャトルが引退して以来、アメリカはISSに宇宙飛行士を送る手段を失い、ロシアの宇

2019年3月4日、地球の地平線に写ったクルードラゴンのシルエット。
©NASA

宙船ソユーズの席を買っていました。
しかし、クルードラゴンの試験が成功したことにより、アメリカは再び宇宙飛行士をISSまで送り届ける手段を手に入れました。これにより、アメリカの有人宇宙開発が再び活発になると期待されています。しかも、この成功は、宇宙開発が国の主導から民間企業主導へと変わっていくことを象徴しています。

これまでも民間企業は宇宙開発に協力してきました。例えば、スペースシャトルは世界的な航空機メーカーであるボーイング社が製造しています。でも、基本的な設計や運用はNASAがおこなっていて、ボーイング社は頼まれた機体を製造しただけでした。それに対して、クルードラゴンは、基本設計、製造から運用までスペースXが主導しています。打ち上げ前におこなわれる宇宙飛行士の訓練もスペースXが実施していて、NASAはスペースXの提供する輸送サービスを利用するお客さんの色合いがとても強くなっています。アメリカでは、スペースXのクルードラゴンの他に、ボーイング社も「スターライナー」という宇宙船を開発していて、今後は、民間企業が国の機関に代わって、より積極的に宇宙開発に参加するようになるでしょう。

クルードラゴンは全長約8m、直径4mのカプセル型の宇宙船です。21世紀に開発された最新式の宇宙船だけあって、これまでの宇宙船と見た目が大きく違います。1960年代から基本仕様が変わっていないロシアのソユーズや1980年代から運用が始まったスペースシャトルには物理的なスイッチがたくさんあります。そのため、コックピットはスイッチや計器がびっしりと並び、複雑な操作が必要でした。

でも、クルードラゴンの船内には、そのようなスイッチや計器はほとんどありません。見えるところには配線も出ていないので、おしゃれな家具店のショールームのような雰囲気すら醸し出しています。日本人宇宙飛行士の野口聡一さんは、訓練の初期には「これが本当に宇宙に行くのかな」と思ったほどだといいます。これまでの宇宙船が物理的なスイッチのたくさんついた固定電話だとすると、クルードラゴンは見た目が薄い板のようになったスマートフォンといったところでしょうか。

宇宙船を操作するスイッチはタッチパネルに集約されているため、場面に応じて、画面に必要なメニューが表示され、加速、減速、姿勢を変えるといった操作を的確にすることができます。しかも、クルードラゴンはソユーズに比べると1人あたりのスペースが広く、ゆったりとしていて、乗り心地もよさそうです。日本人宇宙飛行士もクルードラゴンへの搭乗が決まっており、これからいろいろな情報が日本にも伝えられることでしょう。

スペースXは民間企業なので、ビジネスが広がっていけば宇宙飛

2020年5月30日、拍手喝采を浴び、喜びを顕わにするスペースXのCEOイーロン・マスク。クルードラゴンを搭載したスペースXのファルコン9ロケットが打ち上げが成功した。アメリカでは2011年以来の有人宇宙飛行で、民間企業では初の偉業である。©NASA/Bill Ingalls

ISS にアプローチし、ドッキング
直前のクルードラゴン。
©NASS

ISS とドッキングして
いるクルードラゴン。
©NASA

行士だけでなく、様々な人たちを乗せて宇宙に行くことができるようになるはずです。ＩＳＳを２０２０年代半ばには民間企業に開放して、宇宙ビジネスを加速させる構想もあります。

他にも、高度１００㎞まで弾道飛行で宇宙空間まで行って帰ってくるタイプの宇宙飛行サービスをおこなおうとしている会社、宇宙ホテルを建設しようとしている会社など、いろいろな宇宙ビジネスを展開しようとする企業がたくさん登場しています。10年後、20年後には宇宙旅行は特別なものではなく、外国に行くくらいの感覚になっているかもしれません。

宇宙飛行士がスペースＸの宇宙船でトレーニングする様子。従来のボタン式ではなく、タッチパネルで操作している。©NASA

絵空事ではない⁉ 月ステーション計画と火星移住計画

人類のむかう先は再び月へ

人類が地上に登場して以来、人々はその活動範囲を広げていき、20世紀後半にはとうとう宇宙にまで飛び出していきました。これまで人類がたどりつけたのは地球から38万kmほど離れた月までです。人の感覚から考えると、はるかに遠くまで行くことができたものの、宇宙の広さから比べると、まだ地球の目と鼻の先にとどまっているイメージです。しかも、人類は１９７２年に打ち上げられたアポロ17号を最後に月面に人を送っていません。

現在は国際宇宙ステーションに常に人が滞在している状況がつくられてはいますが、遠くに行っているわけではありません。地球の庭先で実験を続けているというのが実情です。でも、この数年で、その状況が大きく変わろうとしています。アメリカが再び月面に人を送る「アルテミス計画」を進めると決めたからです。

アルテミスとは、ギリシャ神話に登場する狩猟と月の女神の名前です。太陽神のアポロン（アポロ）とは双子にあたります。アポロ計画以来、50年以上の時を隔てて再び月を目指すプロジェクトの名前にはぴったりでしょう。

プロジェクト名に女神の名前をつけていることからもわかるように、ＮＡＳＡは女性宇宙飛行士の月面着陸に前向きな姿勢を示しています。アルテミス計画では、２０２４年頃に宇宙飛行士を月に降り立たせることを目指していますが、最初に月の大地を踏みしめるのは女性になるかもしれません。

アルテミス計画は、月面着陸だけが目的ではない？

アルテミス計画では、まず、月の南極に探査拠点を設けます。月の南極には太陽の光が入りこまない永久影をつくるクレーターが存在し、その内部には水が凍った氷が大量にあると考えられています。実は、月に存在する最大の資源は水です。地球に住む私たちの感覚では水なんてたいした資源ではないように思うかもしれません。

しかし、宇宙では違います。水を電気分解すると水素と酸素をつくることができます。これらはロケットの燃料と酸化剤として使われるものです。地球から打ち上げられるロケットの重量のほとんどは燃料と酸化剤で占められています。

今はまだ月に行くことが前提になっていますが、その距離が伸びていけば必要になる燃料と酸化剤の量は増えるため、ロケットは巨大で重くなってしまうのです。でも、月でロケットの燃料と酸化剤をつくることができれば、

アルテミス計画「フェーズ3」での月面活動のイメージ。
2040年頃を目標としており、既にこの計画は動き始めている。
©JAXA

事情は変わります。まずは、月に行けるくらいの燃料と酸化剤を積めるロケットをつくればいいという考え方になるのです。

そして、月に燃料と酸化剤の補給基地をつくって、ロケットに補給すればさらに遠くの目的地を目指すことができるようになります。このような考えが主流になれば、宇宙開発の方法も大きく変わってくるでしょう。

また、酸素は人間の呼吸に必要なものでもあるので、人間の月滞在にはとても役立ちます。月で水が手に入れば、月面基地の建設やその先にある生活圏の構築は、大きく前進するはずです。このように月での生活基盤が整ってくれば、将来的には月面都市建設といった話に発展する可能性はあります。

日本はアルテミス計画に参加を表明しています。その他にもたくさんの国や地域の宇宙機関が参加を表明しており、合計24の機関が参加する国際的な大型プロジェクトになっています。

計画のフェーズ1、2、3と、その先

現在、アルテミス計画は3つのフェーズに分かれて計画されています。「フェーズ1」では、まず、月を周回する宇宙ステーションである月軌道ゲートウェイを建設し、2024年に月の南極に着陸を目指します。

「フェーズ2」は2025～2040年くらいまでの計画で、月面着陸の回数を増やし、探査領域を拡大していきます。その過程で、電力システム、通信タワー、長期滞在施設などのインフラを構築する予定です。

そして、2040年以降の「フェーズ3」では持続的な月面活動を展開していきます。この頃には、月面開発に民間企業が積極的に参加するようになり、月にたくさんの施設が建設されるとみられています。

NASAをはじめ、世界の宇宙機関は月の探査や開発だけを考えているわけではありません。その次の段階である有人火星探査も見据えています。月軌道ゲートウェイは、ゲートウェイ（玄関）という名前が示すように、火星探査に出発する玄関の役割も担うことになるでしょう。現在の構想では、将来的に火星の周辺にも、火星の

2018年2月6日に打ち上げられた、スペースXのテスラロードスター。運転席には宇宙服を着たマネキン「スターマン」が座っている。©UPI/amanaimages

軌道を回る大型宇宙ステーションを建設し、月と火星の宇宙ステーションをゲートウェイとして、深宇宙輸送機を往復させるシステムがつくられる予定となっています。

そのようなインフラを整えることで、人が火星まで往復できるようにしていくようです。

民間企業の先駆者、イーロン・マスクの野望

火星の開発にはスペースXの最高経営責任者（CEO）のイーロン・マスク氏も興味を示しています。マスク氏は2016年9月に、2060年代までに100万人を火星に移住させる計画を発表しました。これは40年以上もかかる将来構想なので、実現するかはまだわかりませんが、たくさんの人々に大きな夢を与えました。

火星移住計画に対するマスク氏の意欲は高いようです。2018年2月にスペースXの大型ロケットである「ファルコンヘビー」初号機を打ち上げた際、マスク氏は自身がCEOを務める電気自動車メーカーであるテスラ社のスポーツカー「ロードスター」を搭載しました。

ファルコンヘビーの打ち上げは成功し、ロードスターが地球を背にして、宇宙を走るがごとく飛行する様子は世界中に中継されました。その様子は「もうすぐ、たくさんの人たちが気軽に宇宙へ行ける新しい時代がやってくる」という期待感をもたらしました。宇宙服を着たマネキン「スターマン」を乗せたロードスターは、太陽を周回する楕円軌道に入り、2020年10月7日には、火星から約7400万kmの距離まで近づきました。これも火星移住を目指すというマスク氏の強いメッセージの表れのように思えます。

有人火星探査や火星移住を実際におこなうにはたくさんの障害を乗り越えないといけません。マスク氏が当初の構想通りに計画を進めるとすると、2020年代半ばにはスペースXの宇宙船で火星に人を送りこむ予定になっています。もしかしたら、人類初の有人火星探査は民間企業のスペースXが実施するかもしれません。それが実現すれば、火星旅行や火星移住が一気に身近なものになってくるでしょう。

◉参考文献

『地球・惑星・生命』日本地球惑星科学連合編（東京大学出版会／2020年）
『ハビタブルな宇宙』井田茂（春秋社／2019年）
『天文学者に素朴な疑問をぶつけたら宇宙科学の最先端までわかったはなし』津村耕司（大和書房／2018年）
『地球外生命体』縣秀彦（幻冬舎／2015年）
『生命はいつ、どこで、どのように生まれたのか』山岸明彦（集英社インターナショナル／2015年）
『地球・生命の大進化』田近英一監修（新星出版社／2012年）
『惑星・太陽の大発見』田近英一監修（新星出版社／2013年）
『火星の科学』藤井旭・荒舩良孝著・藤井旭監修（誠文堂新光社／2018年）
『大人でも答えられない！　宇宙のしつもん』荒舩良孝（すばる舎／2014年）
『子供の科学』（誠文堂新光社／2018年6月号・2020年6月号・11月号）
『ＴＪ　ＭＯＯＫ　宇宙と人類』（宝島社／2019年）
『巨大ブラックホールの謎』本間希樹（講談社／2017年）

●参考Ｗｅｂサイト

JAXA　https://www.jaxa.jp

NASA　https://www.nasa.gov

ESA　https://www.esa.int

ESO　https://www.eso.org/public/

SKA　https://www.skatelescope.org

The Nobel Prize　https://www.nobelprize.org

国立天文台　https://www.nao.ac.jp

JAMSTEC　http://www.jamstec.go.jp/j/

産業技術総合研究所　https://www.aist.go.jp

大扉画像　©JAXA
本文デザイン・DTP　リクリ・デザインワークス
図版　AD・CHIAKI

著者紹介

荒舩良孝〈あらふね よしたか〉

科学ライター/ジャーナリスト。1973年埼玉県生まれ。大学在学中から科学ライターとしての活動をはじめ、ニホンオオカミから宇宙論まで幅広い分野で取材、執筆をしてきた。科学の話題をわかりやすく、身近に感じてもらえるように活動を続けている。主な著書は『5つの謎からわかる宇宙』（平凡社）、『思わず人に話したくなる地球まるごとふしぎ雑学』（永岡書店）など。

迫力のビジュアル解説
宇宙と生命　最前線の「すごい!」話

2020年12月1日　第1刷

著　者　荒舩良孝

発行者　小澤源太郎

責任編集　株式会社プライム涌光
電話　編集部　03(3203)2850

発行所　株式会社青春出版社
東京都新宿区若松町12番1号〒162-0056
振替番号　00190-7-98602
電話　営業部　03(3207)1916

印刷　大日本印刷　　製本　大口製本

万一、落丁、乱丁がありました節は、お取りかえします。
ISBN978-4-413-11339-7 C0045